U0220607

【美】马丁·加德纳◎著
封宗信◎译

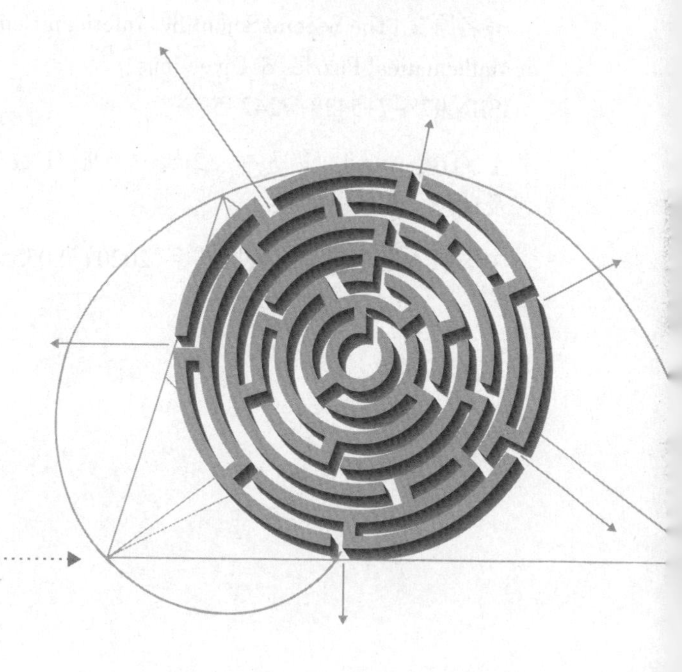

迷宫与黄金分割

Mazes & Golden Ratio

Mathematical Puzzles & Diversions

上海科技教育出版社

图书在版编目(CIP)数据

迷宫与黄金分割/(美)马丁·加德纳著;封宗信译.
—上海:上海科技教育出版社,2020.7(2024.7重印)
(马丁·加德纳数学游戏全集)
书名原文:The Second Scientific American Book
of Mathematical Puzzles & Diversions
ISBN 978-7-5428-7242-5

Ⅰ.①迷… Ⅱ.①马… ②封… Ⅲ.①数学—
普及读物 Ⅳ.①01-49

中国版本图书馆CIP数据核字(2020)第055555号

献给 J. H. G.

他喜欢对付大得能在上面走路的趣题

目 录

中译本前言

本书原名为 *The Second Scientific American Book of Mathematical Puzzles and Games*，是马丁·加德纳在《科学美国人》杂志上发表的"数学游戏"专栏文章的第二本集子。作者引用大量翔实的资料，将知识性和趣味性融为一体，大多以娱乐和游戏为线索，以严密的科学思维和推理为基础，引导、启迪读者去思考和重新思考。作者对传统数学中那些似乎高深莫测的难题给予了简单得令人难以置信的解答，对魔术戏法进行了深入浅出的分析，对赌场上的鬼把戏做了科学的剖析和透视……既有娱乐功能，又有教育功能。

本书的出版可谓好事多磨。十多年前我在北京大学，与潘涛兄同住现已不复存在的39楼。潘兄师从何祚庥教授，研读的外文书大都是有关伪科学(pseudo-science)和灵学(parapsychology)的。隔行如隔山，茶余饭后阅读《中华读书报》是我们唯一的共同兴趣，很快几年时间就过去了。北大百年校庆后不久，潘博士决定去上海科技教育出版社发展。我这才想起该社曾出版过马丁·加德纳的书。潘兄显然没料到英语语言文学系会有人知道这位数学大师。当我把自己曾翻译过加德纳的趣味数学以及好几家出版社因无法解决版权问题而一直搁浅的故事讲给他，并从我书架底层尘封的文件袋里翻出手稿时，我们两人都“相见恨晚”。

本书稿的“起死回生”，偶然中有必然。后来，潘博士从上海科技教育出版社版权部来电说，版权问题需要等机会。我也渐渐把书稿一事放到了脑后，一心忙自己的正业——“毁”人不倦。直到前些时候潘博士电告，版权终于解决。虽属意料之中，但仍不由得感到惊喜。

再看十多年前为中译本写的《译者前言》，深感“此一时，彼一时”。虽说在汗牛充栋的趣味数学读物中，马丁·加德纳渊博的学识、独到的见解、传奇般的经历、惊人的洞察力和独树一帜的讲解与叙事风格值得大力推介，但在已出版了“加德纳趣味数学系列”的上海科技教育出版社出版该书，则无需再介绍这位趣味数学大师了。因此，原来那份为之感到有些得意的《译者前言》只好自动进入垃圾箱。

本书稿能最终面世，我要衷心感谢潘涛博士和上海科技教育出版社。这也算是继我和同事合作翻译《美国在线》之后我与上海科技教育出版社的又一次合作。特别要感谢本书责任编辑卢源先生为此付出的辛劳。

由于译者知识水平有限，译文中谬误之处在所难免，请广大读者不吝指正。

封宗信

2007年夏　清华园

序言

自从1959年第一本“《科学美国人》趣味数学集锦”出版以来，大家对趣味数学的兴趣越来越强烈。很多趣题方面的新书陆续出版，老的趣题书也纷纷得到重印，趣味数学玩具上了货架，一种新的拓扑游戏（见第7章）吸引了全国青少年，在爱达荷福尔斯做研究工作的化学家马达奇（Joseph Madachy）创办了一份优秀的小型杂志《趣味数学》（*Recreational Mathematics*）。连那些象征聪明才智的象棋棋子也从各处冒了出来。它们不仅出现在电视宣传和杂志广告上，也出现于霍罗维茨[1]在《星期六评论》杂志（*The Saturday Review*）上那轻松活泼的“象棋角”专栏中，甚至连《有枪走天涯》（*Have gun, will travel*）[2]主角帕拉丁的手枪皮套和名片上也都是“马”的形象。

这股令人欣慰的风潮并不局限于美国。卢卡（Edouard Lucas）撰写的四卷本法文名著《趣味数学》（*Récréations Mathématiques*）在法国以平装本再版发行。格拉斯哥的数学家奥

---

① 霍罗维茨（Al Horowitz, 1907—1973），犹太裔美国人，国际象棋大师。热心于国际象棋的普及。——译者注

② 20世纪60年代美国电视剧，主角帕拉丁（Paladin）是职业枪手，名片上印骑士图案（即国际象棋中的“马”），上书Have gun, will travel（有枪走天涯）。——译者注

贝恩(Thomas H. O'Beirne)为一家英国科学杂志撰写了一个出色的趣题专栏。在苏联,由数学教师科登斯基(Boris Kordemski)收集整理的一本漂亮的趣题集共有575页,以俄语及乌克兰语两种版本发售。当然,这些都只是席卷全球的数学热的一部分,它们反过来又反映了面对如今这原子、宇宙飞船与计算机的三合一时代的惊人需求,我们需要越来越多的熟练数学家。

计算机不是要取代数学家,而是在培养他们。计算机也许在20秒之内就能解出一道棘手的数学问题,但要设计出相关的程序,可能需要一群数学家工作好几个月。而且,科学研究正越来越依赖于数学家在理论上取得重大的突破。不要忘了,相对论的革命就是由一位完全没有实验经验的人掀起来的。目前,原子科学家正被30来种不同基本粒子的古怪性质搞得头昏脑涨。它们正如奥本海默[①]描述的,是"一大堆奇怪的无维数,没有一个是可以理解或可以推导出来的,看起来全都缺少实际意义"。有那么一天,一位富有创造力的数学家,或独自一人坐着在纸上潦草地书写,或刮着胡子,或正举家外出野餐,忽然间就灵光一闪,这些粒子就会旋转着跑到自己应该在的位置上,一层层地展现出具有固定法则的美妙图案。至少,这是粒子物理学家**希望**发生的事情。这位伟大的解谜者当然需要利用实验数据,但很可能像爱因斯坦一样,他首先得是个数学家。

数学不只是物理学的敲门砖。在生物学、心理学和社会科学领域也涌入了装备着奇异的新统计技巧的数学家们,他们用这些技巧设计实验、分析数据,并预测可能发生的结果。如果美国总统要三位经济学顾问研究一个很重要的问题,他们会拿出四种不同的意见。这种情形或许仍然没有多大改变。但是在未来某一天,经济学上的意见分歧可以用某种不易受惯常

① 奥本海默(J. Robert Oppenheimer, 1904—1967),美国物理学家。1943—1945年任"曼哈顿计划"实验室主任,在那里制成第一批原子弹。——译者注

的乏味争论影响的数学方法来解决。这种想法已经不再是无稽之谈了。在现代经济学理论的冷光中，社会主义与资本主义之间的冲突会像克斯特勒[①]所描述的那样，很快变得既幼稚又毫无结果，恰如在小人国[②]里，两派人马为了打破蛋壳的两种不同方法展开混战。(我这里所指的只是经济上的争论，民主与极权主义之间的冲突则与数学无关。)

不过上面谈的那些事情太严肃了，而本书只是一本娱乐性的书而已。如果说它确实有什么意图，那就是要引发大众对数学的兴趣。如果只是为了帮助外行人了解科学家在忙些什么的话，这种激励无疑是必要的。科学家们要忙许多事情呢。

本书的各章内容都首次发表在《科学美国人》杂志里，在此我要对杂志的发行人、编辑与全体工作人员再次表达谢意。我也要感谢我妻子在很多方面给予的帮助。另外要感谢许许多多的读者，他们一直在指正我的错误，并提供新的材料。我还要感谢Simon and Schuster出版公司的伯恩小姐(Nina Bourne)在我准备本书手稿期间给予的专业帮助。

马丁·加德纳

---

① 克斯特勒(Arthur Koestler, 1905—1983)，匈牙利哲学家及小说家。——译者注

② 英国作家斯威夫特的名著《格列佛游记》中的假想国。——译者注

第 1 章

五种柏拉图多面体

正多边形是由一些直线段围出的各边相等、内角也相等的平面图形。这种图形当然有无穷多个。正多边形在三维中的类似物便是正多面体,即由正多边形构成、在顶点处各面及各内角全等的立体。可能有人认为,这种多面体的形状之多也是无限的,但实际上,正如卡罗尔[①]曾讲的,它们“少得令人恼火”。正凸多面体只有五种:四面体、六面体(立方体)、八面体、十二面体和二十面体(见图1.1)。

最早对这五种多面体进行系统研究的似乎是古代毕达哥拉斯学派的信徒们。他们认为,四面体、六面体、八面体和二十面体代表着传统的四要素:火、土、气、水。十二面体则被含含糊糊地与整个宇宙联系在一起。因为这些认识在柏拉图[②]的《蒂迈欧篇》(*Timaeus*)里作过详细解释,所以这些正多面体就逐渐地被叫做柏拉图多面体了。这五种形状的美感和其奇妙的数学特性,常常萦绕在从柏拉图时代到文艺复兴时期的学者们的心头。对柏拉图多面体的分析,帮助欧几里得[③]写出了权威著作《几何原本》。开

① 卡罗尔(Lewis Carroll, 1832—1898),英国作家,《爱丽丝漫游奇境记》的作者。牛津大学数学讲师。——译者注

② 柏拉图(Plato, 前428—前348),古希腊哲学家。——译者注

③ 欧几里得(Euclid, 约前330—前275),古希腊数学家。——译者注

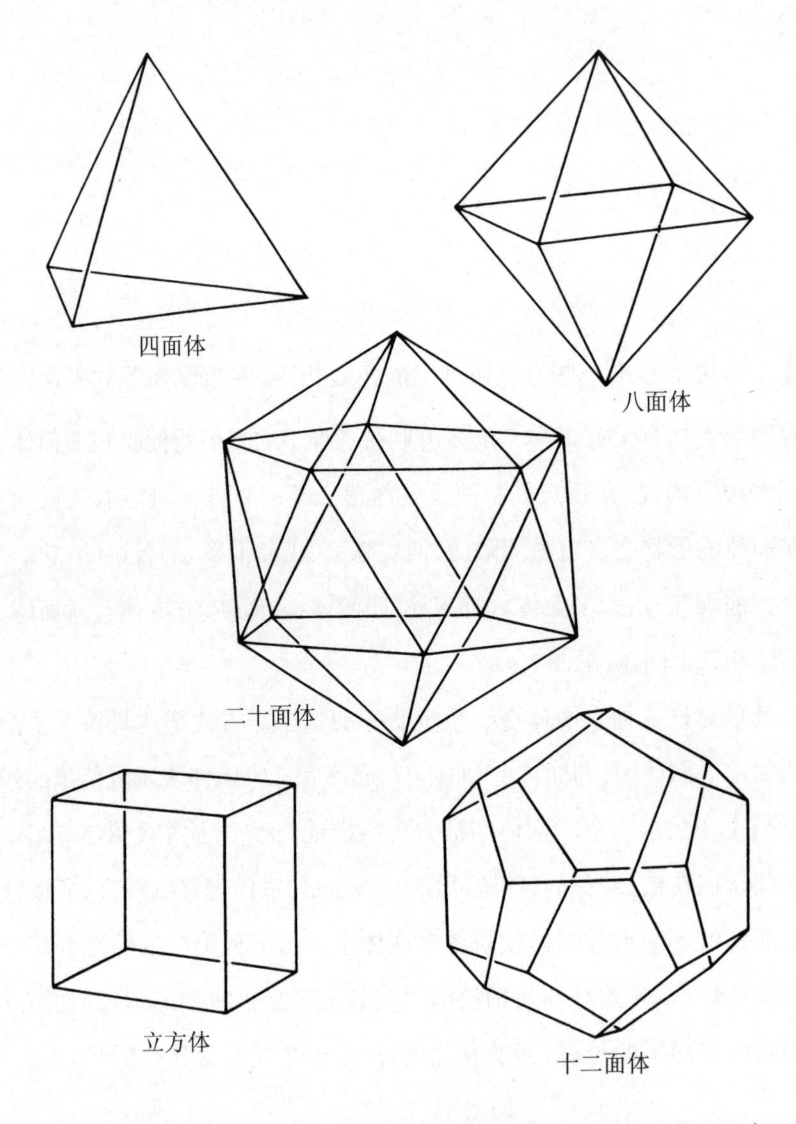

图1.1 五种柏拉图多面体。如果把立方体和八面体里任意一种的各相邻面中心用直线段联结起来，这些直线段就构成了另一种多面体的棱，从这个意义上讲，它们是“对偶图”。十二面体和二十面体以同样的方式互为对偶。四面体与其本身对偶。

普勒[①]终其一生都认为,当时已知的六大行星的运行轨道可以通过在土星轨道内把这五种多面体按次序套起来演示而得。今天的数学家已不再把柏拉图多面体当作神物崇拜,而是把它们的旋转变化与群论联系起来研究。这些多面体仍在趣味数学中扮演着多彩的角色。这里我只谈几个与它们有关的趣题。

把一个封着口的信封剪折成一个四面体,有四种不同方法。下面讲的这种方法也许是最简单的。在信封一端的两面各画一个等边三角形(见图1.2)。然后按虚线所示把两层一起剪开,把右边的一半扔掉。沿正背面两个三角形的边线在纸上折出折痕,让A、B两点重合,就得到一个四面体。

图1.2　如何把信封剪折成四面体

图1.3画的是一个逗人小玩具的图案,通常可在市场上买到其塑料制品。你可以用厚纸板剪两张这样的相同图案,自己动手制作一个(除较长的那条线段外,图中其余线段的长度都相等)。沿虚线分别把两个图案折叠起来,再用胶带把接茬处粘住,做成如右图的立体。现在试着把做成的这两个立体粘起来,构成一个四面体。我认识一位数学家,他曾用基于这

① 开普勒(Johannes Kepler, 1571—1630),德国天文学家。——译者注

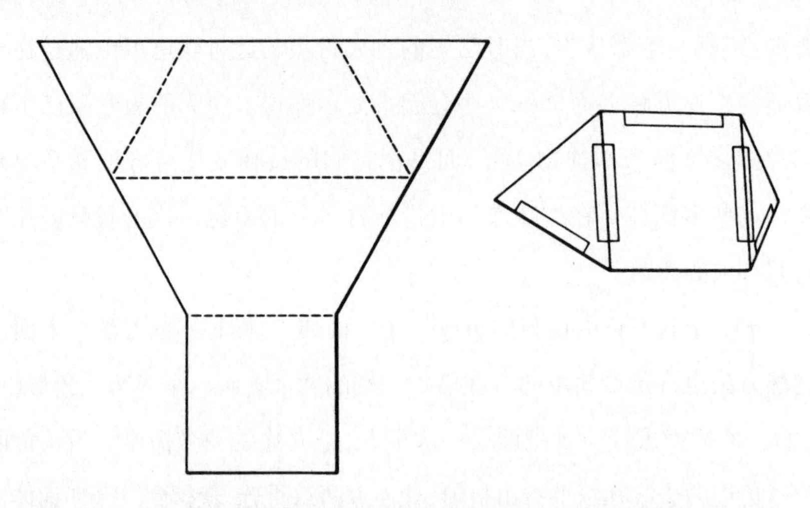

图1.3 左图可以折叠成右图的立体，这样的两个立体可以拼成一个四面体

个玩具的小戏法捉弄他的朋友。他买来两套这样的塑料件，这样就能把第三个多面体藏在手里。他把一个搭好的四面体放在桌子上给他们看，然后用手推倒，同时把刚才藏着的那个多面体放进去。当然，他的朋友们怎么也无法用三个多面体拼成一个四面体。

关于立方体，我只讲一个电学趣题。令人吃惊的是，一个立方体可以从比它稍小的立方体中间的洞中穿过去。你如果拿起一个立方体，把一个角正对着你，这时就会看见一个六边形的轮廓，并立即发现中间有一个比该立方体的面稍大一点的正方形空间。我要讲的电学趣题正与图1.4所示的网状结构有关。如果该立方体的每条棱上有个电阻，其值为1欧姆，电流由A端流向B端时，整个结构的总电阻有多大？尽管明眼人一下就可看出，但据说电学工程师对这一问题的计算长达数页。

这五种柏拉图多面体都曾被用作骰子。立方体下来就属八面体用得最广。图1.5中所示的各个面都是标着号的图案，将它折叠起来并把接茬处用透明胶带粘好，就成了一个正八面体。这颗骰子的相对的两个面像常

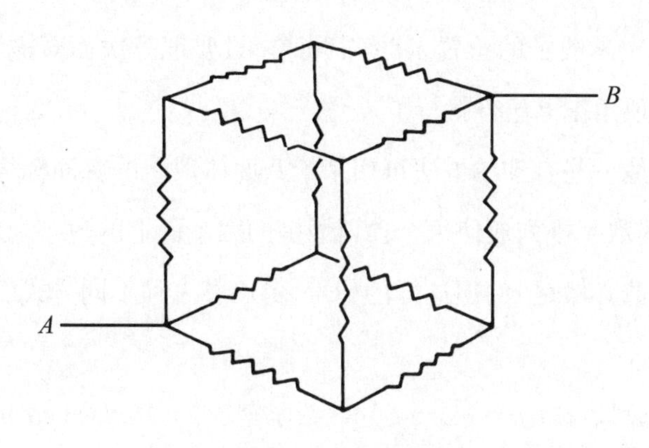

图1.4　电网趣题

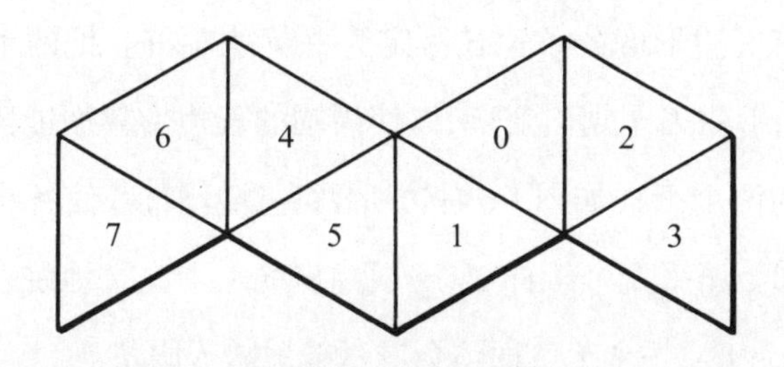

图1.5　制作八面体骰子的纸条

见的立方体骰子一样，数字相加起来等于7。而且，用这些数字的排列法可以玩个小小的"读心术"戏法。叫某人想好一个0至7之间(含0和7)的数。然后举起这个八面体，把标着1、3、5、7的几个面对着他，问他是否看到了他想好的那个数。如果他说"是的"，那么将此问的关键值记为1①。把骰子转一下，把标着2、3、6、7的几个面对着他，继续问同样的问题。这一次他要是说"是的"，那么将此问的关键值记为2。最后，把标着4、5、6、7的几个面对着他，再问他是否看到他想好的数。如果他说"是的"，那么将此问的关键值记为4。如果你把他三次回答的关键值加起来，就可得出他心里想好的那个数。任何熟悉二进制的人都可以毫不费力地讲解其中的奥妙。

① 如果他回答"不是"，那么可将此问的关键值记为0，下同。——译者注

要记住这三次拿骰子的位置,其实很简单,只要把三次面对被测试者时指向你的三个顶角作上记号就行了。

还有其他一些有趣的方法可用来给八面体骰子的各面标号。例如,可以把1至8的数字排列成使每个顶角周围的四个面上的数字之和为一个常数。这个常数必然是18,但这样的标号,可以有三种不同方式(不计旋转和镜射)。

在斯坦豪斯(Hugo Steinhaus)的《数学剪影》(*Mathematical Snapshots*)一书中讲解过一种制作十二面体的别致方法。用硬纸板剪出两个图6左边的图形。所有五边形的各条边长可定为一英寸左右。把两个纸样各自中间的那个五边形用刀子划出痕迹,以使周围的五边形翼面能向一个方向折起。把做好的两个纸样如图1.6右边所示重叠起来,并使各自的五边形翼面能相向折起。压平两个纸样,拿一根橡皮筋上下交替地绕在突出的边缘上。当你松开手时,一个十二面体会魔术般地跃入眼帘。

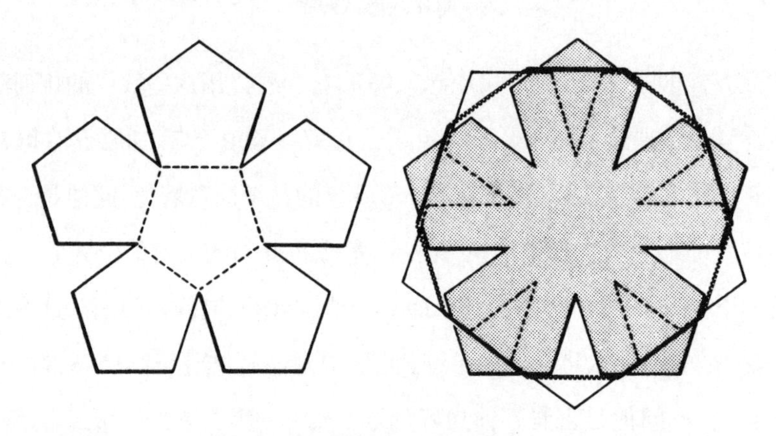

图1.6　用橡皮筋固定的两个相同纸样变成一个凸十二面体

如果给这个十二面体的每个面涂上一种颜色,使每条棱的相邻两面不重色,至少需要几种颜色?答案是四种,并且不难看出,色彩的排列也有四种不同方法(两组互为镜像)。给四面体涂色也需要四种颜色,有两种排列法,一种是另一种的镜射。立方体需要三种颜色,八面体只需要两种,都只有一种排列法。二十面体需要三种颜色;这里至少有144种不同图案,只有六种与其镜像一致。

如果一只苍蝇要爬过一个二十面体的30条棱,每条棱最少须经过一次,它经过的最短距离是多少?苍蝇不需要返回原出发点,在有些棱上则有必要爬过两次。(只有经过八面体的棱时,才不需要重复。)解这个题时,可以利用二十面体的平面图(如图1.7),但必须记住,每条棱的长度是一个单位。(我忍不住在这里隐藏了一句简短的圣诞祝福,你可以从这张图的各个角上标记的字母中寻找线索。找到这句祝福是不需要解出题目的。)

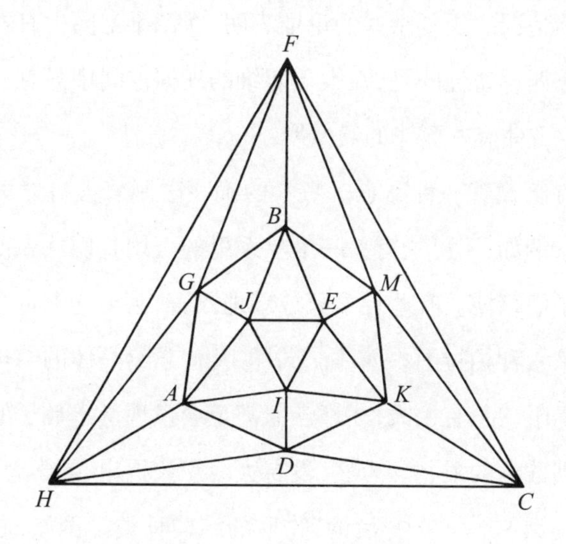

图1.7　二十面体平面图

考虑到在早已证明无法求作三等分角及化圆为方后,仍有一些怪人还固执地要试试,那么为什么没有人愿花同样的力气去寻觅这五种以外的正多面体呢?其中一个原因是很清楚就能“看出”,不可能有更多的。下面这些简单的证明要追溯到欧几里得。

一个多面体的角或顶点处至少应有三个面。考虑最简单的面:等边三角形。我们可以把三个、四个或五个这样的三角形拼起来构成一个多面角。超过五个三角形时,多面角的和就成为360度或更大,所以就不能成为一个顶角。这样,我们用三角形的面构成正凸多面体时,就只可能有三种方法。三个正方形(只能有三个)同样能构成一个顶角,这说明有可能构成一种正方形面的正多面体。同样的道理可以说明,在每个顶角上用三个五边形也只有一种可能情况。不能用大于五边形的多边形,因为要是把三个六边形放在一个顶点处,加起来就等于360度了。

这个论证并不能证明可以构成五种正多面体,但它确实证明了只有不超过五种可能情况。更复杂些的论证表明,在四维空间中有六种被称做正则多胞形的东西。奇怪的是,在大于四维的任何空间中只有三种正则多胞形:四面体、立方体和八面体的类似形。

这里也许暗藏着一种寓意。数学的确在限制着大自然里可能存在的结构的种类。例如,不可能有另一个星系里的人用我们从未见过的一种正凸多面体骰子搞赌博。有些神学家放肆地断言,甚至连上帝也没法在三维空间中造出第六种柏拉图多面体。同样,几何学给晶体的结构设定了一个不可逾越的界限。总有一天,物理学家甚至会发现基本粒子的数量和基本法则都会受到数学的限制。当然,没有人会想象得出,数学怎么会限制(如果真是这样的话)自然界中"活的"物质的结构种类。例如,通常认为碳化合物的特性是所有生物绝不可少的。不管怎样,当人类由于会在外星球上发现生物而神经高度紧张时,柏拉图多面体作为一个古老的警钟会时刻提醒我们:火星和金星上的东西比用我们的哲学原理幻想的要少得多。

答　案

正方体网络上的总电阻是$\frac{5}{6}$欧姆。如果将靠近A端的三个角短路连起来,靠近B端的三个角也作同样处理,那么由于每一处都与等电位点相接,短路的两个三角形上就没有电流。这就不难看出,在A和与它最近的三角形之间有三个并联的1欧姆电阻$\left(R=\frac{1}{3}欧姆\right)$,两个三角形之间共有6个并联电阻$\left(R=\frac{1}{6}欧姆\right)$,第二个三角形和$B$之间有三个并联电阻$\left(R=\frac{1}{3}欧姆\right)$,总电阻为$\frac{5}{6}$欧姆。

特里格(C. W. Trigg)在1960年11—12月号的《数学杂志》(*Mathematics Magazine*)上讨论了正方体网络的问题,指出它的一个解答可以在布鲁克斯(E. E. Brooks)和波伊泽(A. W. Poyser)1920年的《磁学与电学》(*Magnetism and Electricity*)一书中找到。本题及其解法还可以方便地扩展到其他四种柏拉图多面体的网络结构上去。

给八面体的各个面标号,使每个顶角周围的数字之和等于18的三种不同方法如下:在一个顶角周围的面上按顺时针(或逆时针)顺序标上6、7、2、3,在相对的另一个顶角周围标上1、4、5、8(6挨着1,7挨着4,等等);另两种标法是1、7、2、8和4、6、3、5;以及

4、7、2、5和6、1、8、3。八面体是这五种多面体中唯一能做到使每个顶角周围的各个面上的数字之和为一个常数的物体。对此的一个简短证明可参见鲍尔(W. W. Rouse Ball)的《数学游戏与欣赏》(*Mathematical Recreations and Essays*)的第7章。

苍蝇爬过二十面体的每条棱的最短距离是35个单位。擦掉这个多面体的五条棱(如*FM*、*BE*、*JA*、*ID*和*HC*),使剩下的网络中只有两个点(此时为*G*和*K*)处的棱数为奇数。这样,苍蝇从*G*点出发,不需重走任何一条棱就能爬遍这个网络,一直到*K*点结束。这里的距离是25个单位。这也是它能不重复爬过的最长距离。然后把擦掉的棱复原,当苍蝇爬过这些棱时,就得踩原路返回。五条棱,每条上走两次,即加上10个单位,最后得数就是35。

这些字母所表达的圣诞信息是"Noel"(no "L")[1]。

---

[1] Noel的读音就是no "L"(没有L),意思是圣诞节。——译者注

第 2 章

变脸四边形折纸

变脸六边形折纸是可以通过折叠翻转把不同的面显现出来的翻转六边形纸结构。这是由一张纸条折叠而成的，在本系列的《悖论与谬误》中有讲解。与变脸六边形折纸原理相近的是大量的四边形结构，可以笼统地叫做变脸四边形折纸。

变脸六边形折纸是斯通(Arthur H. Stone)在1939年发明的，当时他是普林斯顿大学的研究生，现任英国曼彻斯特大学数学讲师。人们对变脸六边形折纸的特点做过细致研究，实际上已产生了一整套与其有关的数学理论。可人们对变脸四边形折纸了解得就比较少。斯通和他的朋友们(有名的要属图基(John W. Tukey)，现为著名拓扑学家)花了大量时间折叠并分析这些四边形结构，却未能成功研究出一套能解释所有不同变化的综合理论。不过从娱乐的角度来看，有几种变脸四边形折纸倒很吸引人。

先考虑最简单的变脸四边形折纸，这是一种有三张脸的结构，可以把它叫做三面变脸四边形折纸。用图2.1中的纸条可以轻而易举地折出一个(2.1a是纸条正面，2.1b是背面)。照图把正反两面的小方格标上号，把纸条的两端向内侧折叠(2.1c)，用透明胶带把两端的边粘接起来(2.1d)。现在，标注2的脸都在正面，标注1的脸都在背面。要将该结构折叠翻转，就要沿着标注2的脸的竖中线往后折。标注1的脸会被折到纸形的里面，同时标

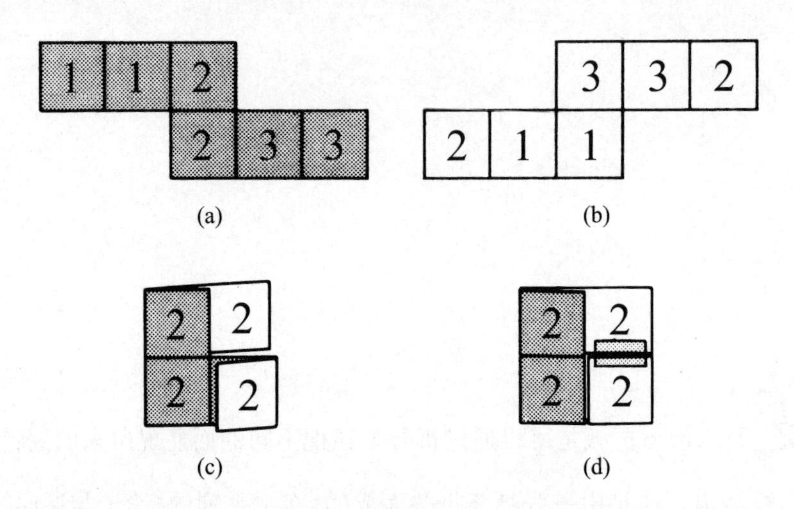

图2.1 三面变脸四边形折纸制作方法

注3的脸被翻了出来。

斯通和他的朋友们并不是最早发现这个有趣结构的;这种结构在两用铰链上使用了好几百年了。正巧,我的桌上就有两个镶照片的小像框。像框是由两个三面变脸四边形折纸式铰链连起来的,可以方便地向前或向后折曲。

有几种儿童玩具也采用了这种结构。大家最熟悉的一种是用交叉胶带连起来的木制或塑料的扁平积木链。如果操作正确,就会发现有一块积木好像是从链顶一直翻滚到链底。实际上这是由于按顺序折曲三面变脸四边形折纸式铰链造成的光学错觉。在1990年代,这套积木玩具在美国很流行,当时被叫做雅各布梯(Jacob's Ladder)。(在霍普金斯(Albert A. Hopkins)1897年的《魔术:舞台错觉与科学娱乐》(*Magic: Stage Illusions and Scientific Diversions*)中有关于这套玩具的图片和描述。)其当前的两种样式则以商品名Klik Klak Blox和Flip Flop Blocks在市场上销售。

有四张脸的变脸四边形折纸叫做四面变脸四边形折纸,它至少有六种类型。较好的制作方法是用一张划分成12个方格的矩形硬纸板，照图2.2(2.2a和2.2b)给正反两面标上号。在中间那个矩形上沿虚线把三条边剪开。从2.2a所示位置开始折起，把中间那两块方格向左后方折下去。把最右边的一竖列方格向后折。现在纸板的形状应如图2.2c所示。再把右边一竖列方格向后折。把左边伸出来的单个方格折到前面再向右压下去。这时，所有标注1的脸就到了前面。把中间那两个方格的边照图2.2d用透明胶带纸粘住。

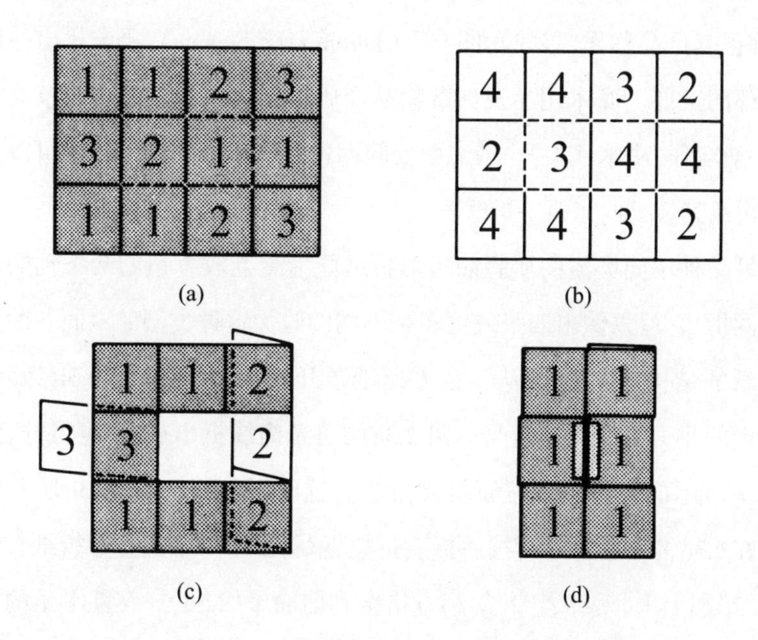

图2.2 四面变脸四边形折纸制作方法

你会发现，把所有标注为1、2、3的脸分别折出来，一点也不难，可要把所有标注4的脸全找出来，得费一番工夫才行。当然你不能把纸板撕破。对这种类型的更高阶数的变脸四边形折纸，如果它有偶数张脸，就可以用相似的矩形起始图案来构造；当它有奇数张脸时，则必须用与前面三面变脸四边形折纸类似的图案才能折成。实际上，制作这种变脸四边形折纸只需要两排小方格就足够了,不过添上一排或多排方格,会更好摆弄些(因为基本结构并没有变)。

图2.2中的四面变脸四边形折纸常被制作成广告性的小玩意。由于较难找出第四张脸,它成了一个挺有趣的智力玩具。我见过不少这类折纸,有些甚至起源于20世纪30年代。有一种是在隐藏面上贴着枚一分硬币,要求找出那枚幸运的硬币。俄克拉何马州塔尔萨市蒙唐东魔术公司的蒙唐东(Roger Montandon)在1946年取得了一套四面变脸四边形折纸的版权,并把其产品称作"寻找女朋友"(Cherchez la Femme),要求找出一位年轻女郎的玉照。魔术用品及新奇物品商店也出售一种古老的儿童戏法道具,一般叫作"魔术钱夹"。其三面变脸四边形折纸式的绸带铰链可以让一元纸币或其他类似东西一折即匿。

另一种不同类型的变脸四边形折纸能沿着互成直角的两条轴的任何一条翻折,它可以做出四张或更多张不同的脸。这种类型的六面变脸四边形折纸的结构见图2.3。从一张方形纸条开始,2.3a为正面,2.3b为背面。纸条上的小方格照图标上号。沿2.3a的每条内线折出折痕,再展开,然后在箭头所示的四条线上按原折痕折叠。这时,纸条就成了2.3c所示的样子。在2.3c箭头所示处再按原折痕折叠,就折出了一个正方形折纸。把下端的"2"翻上来,使标着"2"的小方格全到前面来(2.3d)。在左上角的方格边上照图贴一块透明胶带,把伸出来的一半压到后面去,与背面标着"1"的方格边粘合。

这个六面变脸四边形折纸现在可以沿横轴和竖轴折翻,把六张脸全折出来。用大一些的方形纸条能构作出脸面数以4递增的折纸,即有10、14、18、22等等张脸。不同阶数的变脸四边形折纸要用不同形状的纸条来制作。

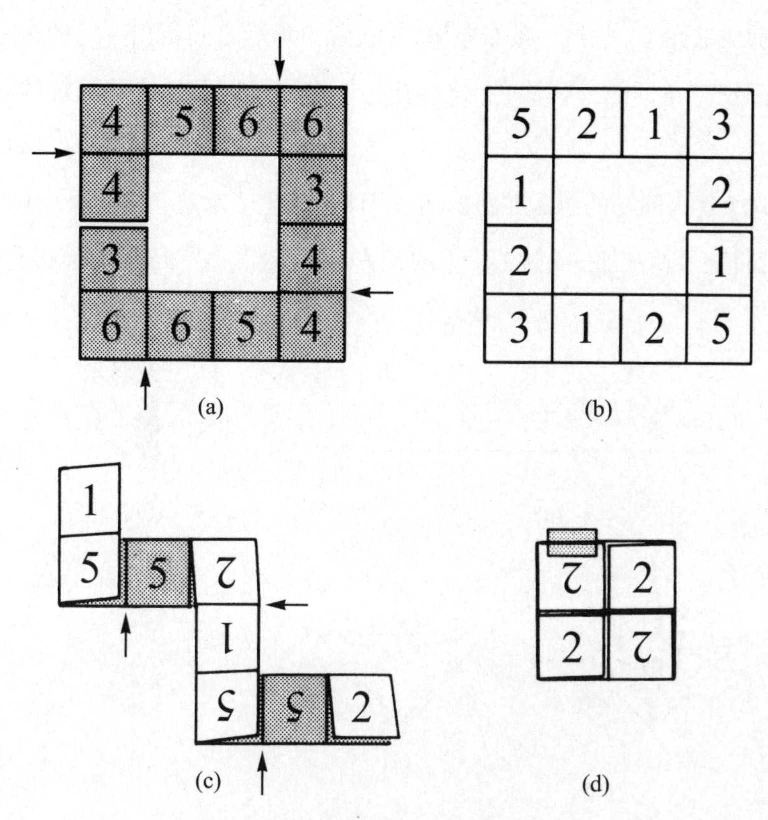

图2.3　六面变脸四边形折纸制作方法

斯通在研究直角三角形形式的折纸时(他在信中说:“很遗憾,还没有给它起个名字”),突然想出了一道特别有意思的趣题——变脸四方筒。他构造了一个扁平的方形折纸,出乎他的意料,折纸打开后成了一个筒。进一步的实验证明,用一连串复杂的方法沿着直角三角形的各条边翻折,可以把这个筒翻个里朝外。

这个筒型折纸是由四个正方形连成的纸条做成的(见图2.4),每个正方形被划分为四个直角三角形。沿所有的线向前后方向各折一次,折出折痕后,把纸条两端用胶带粘起来,做成个方筒。要求只按折痕翻折,把里面翻到外面。要制作一个经得起反复摆弄的筒形折纸,可用16块硬纸板或金属片剪成三角形,贴在一条布条上,并在各三角形之间留出一定的折叠空间。只把三角形的一面涂色,这会让你始终清楚地看到折叠翻转的变化过程。

这个迷人问题的解法在图2.4的b至k中给出了示意。把两个*A*角推到一起,将整个筒压平,成为2.4c中的正方形折纸状。沿*BB*轴向前折叠,变

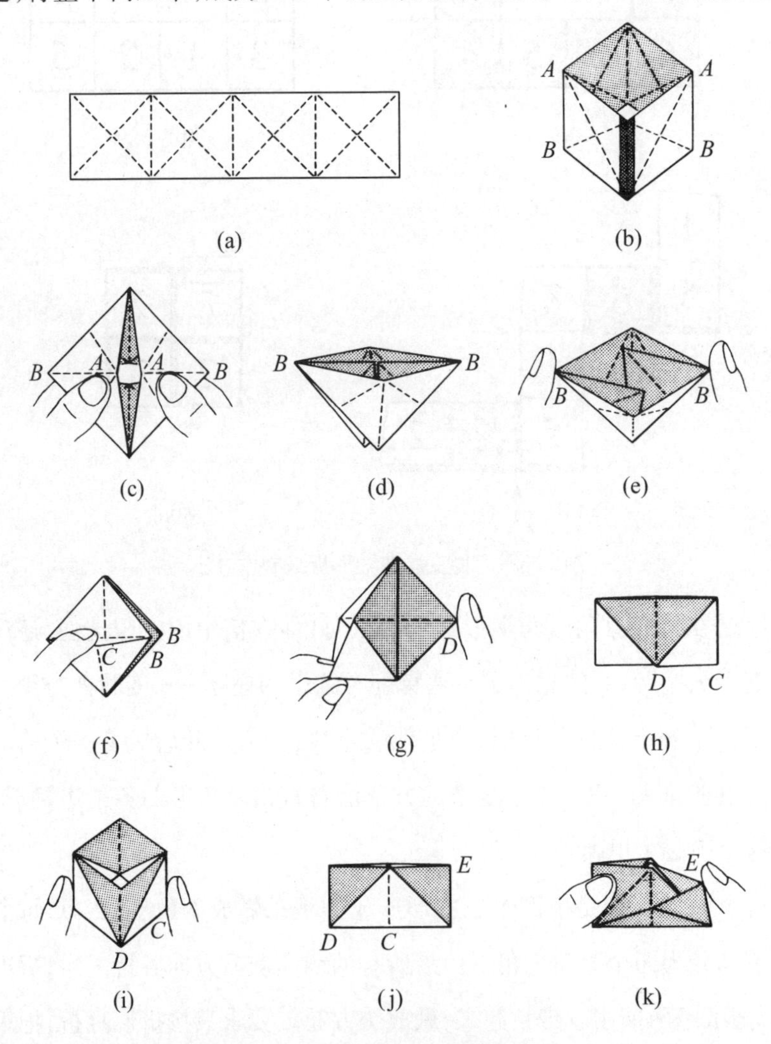

图2.4 变脸四方筒制作方法

成2.4d中的三角形结构。把两个B角推到一起，注意要把里面的两个翼面分到相反方向，使整个折纸结构变成一个扁平正方形(2.4e)。按照2.4f打开正方形，把角C往下拉，再向左折，使其成为2.4g中的平面结构。现在把角D向左推，并翻到整个结构的背面，变成2.4h中的扁平矩形。这个矩形打开后，就是只有原方筒高度一半的另一个方筒(2.4i)。

现在才进行到整个过程的一半，刚翻出了半个方筒。再次把这个方筒压平成矩形(2.4j)，但压平的方法与2.4h所画的不同。从2.4k开始反向执行，或者可以说是逆着原路线"退回去"，最后得到的就是个翻了个里朝外的筒。至少还存在两种完全不同的翻转方筒的方法，只是它们都像本方法一样既曲折又不好琢磨。

近来斯通已证明了这样一个事实：**任意**宽度的圆柱形纸圈都可以通过有限步的沿直线翻折，翻个里朝外。可是那个通用的解法太繁琐了，在此恕不细讲。有个问题产生了：一个纸袋子(底部封口的矩形筒)通过有限次数的翻折，能不能翻个里朝外？这是一个尚未解决的问题。很明显，不管纸袋子的比例是多少，都是翻折不成的，但是要得出个圆满的证明却相当困难。

第 3 章

亨利·杜德尼：伟大的英国趣味数学家

亨利·杜德尼(Henry Ernest Dudeney)是英国最负盛名的趣题设计家。事实上他真的可能是有史以来最伟大的趣味数学家。当今行销的那些趣题书籍,几乎没有一本不收录大量源自他那丰富想象的出色的数学趣题,只是没有一一注明而已。

1857年,他出生于英国梅菲尔德的一个村庄里,比美国的趣题奇才萨姆·劳埃德(Sam Loyd)小16岁。我不知道这两位奇才是否见过面,但在1990年代,他俩合作在英国《趣闻》(*Tit-Bits*)杂志上发表了一系列趣题方面的文章,后来又互相交换趣题,发表在他俩各自的杂志和报刊专栏里。这就能解释为什么他俩发表的作品中有大量的东西是完全一样的。

两位数学家中,杜德尼可能要技高一筹。劳埃德擅长以他大批制造的玩具和广告性小玩意来吸引更多公众的注意力,所以名望显得大一些。杜德尼的创作没有一件像劳埃德的"14-15"滑块游戏[1]和"离开地球"(一名中国武士突然不知去向)趣题[2]那样有知名度。但是杜德尼的创作从数学角

① 在一个4×4的盒子里依次放有标着1~15的15个小滑块,但14和15的顺序是颠倒的。要求利用余下的那个空格,将14和15的顺序纠正过来。——译者注

② 详见上海科技教育出版社的《数学的奇妙》中"一些古老的玩意"。——译者注

度看要复杂得多(他曾把画谜说成是小孩子玩的简单把戏,只能让智力低下的人感兴趣,而劳埃德则创作过上千种画谜。)和劳埃德一样,杜德尼也喜欢用逗人的轶闻趣事装扮他的趣题。这里可能有其夫人艾丽斯的帮助,艾丽斯写过三十多部浪漫的小说,当时颇受读者欢迎。杜德尼的六部趣题书(其中三部是他1931年去世后别人整理汇编的集子)在趣题文学这个艺苑中也独树一帜。

杜德尼的第一部著作《坎特伯雷趣题》[1]出版于1907年。主要是一系列古怪的难题,以乔叟[2]记述过的那些朝圣者的故事为背景。"我不想花工夫解释它们是以怎样的奇特方式来到我手中的,"杜德尼写道,"而是立即给予我的读者们求解这些趣题的机会。"这本书中的"缝纫用品商的趣题"是杜德尼最著名的几何学发现。该题要求把一个等边三角形剪成四块,然后拼成一个正方形。

图3.1的左上部分显示了裁剪的方法。点D平分AB,点E平分BC。延长AE到点F,使EF等于EB。点G平分AF,以点G为圆心,画弧AHF。延长EB到点H。以点E为圆心画弧HJ。取JK等于BE。由点D和点K分别作JE的垂线,交于点L和点M。现在这四块布料就可以拼出一个正方形,如图3.1右上部分所示。该裁剪法的一个值得注意的特征是:把四个小块在三个顶点处相接,如图3.1下半部分所示,就形成一个链,按顺时针方向闭合就是一个三角形,按逆时针方向闭合则是一个正方形。杜德尼把这个图形用红木和铜铰链制成模型,于1905年在伦敦皇家学会的会议上作演示。

① 此书中译本已由上海科技教育出版社出版。——译者注

② 乔叟(Chaucer, 1343—1400),英国现实主义作家。代表作《坎特伯雷故事》写于1387—1400年。——译者注

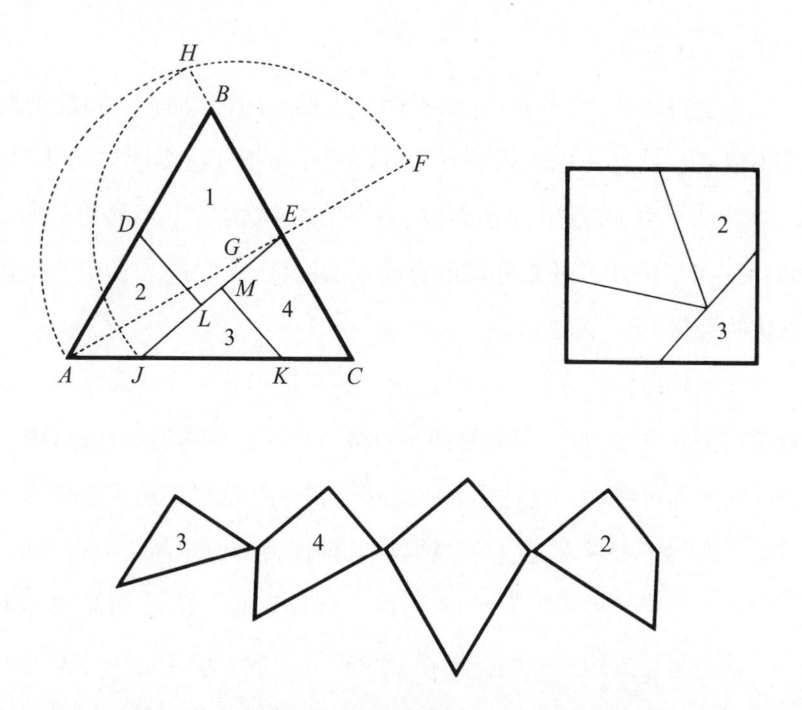

图3.1　杜德尼从等边三角形到正方形的四片裁剪法

根据由伟大的德国数学家希尔伯特[①]最早证明的一个定理，任何一个多边形，都可以通过分割成有限数量的小块，来转换成等面积的另一种多边形。这个证明虽然冗长但并不困难。它是以两个事实为根据的：(1)任何一个多边形都可以用对角线分割成有限数目的三角形；(2)任何一个三角形都可以分割成有限数目的小块，从而构成一个给定底的矩形。这就是说，我们可以把一个无论多么古怪的多边形变成给定底的矩形，只要先把它分割成三角形，再把这些三角形组成给定底的矩形，然后把这些矩形堆砌成一个柱。按刚才的步骤倒回去，可以把这个柱变成与原多边形面积相

① 希尔伯特(David Hilbert, 1862—1943)，德国数学家，于1900年国际数学家大会上提出了23个待解决的数学问题，有力地推动了20世纪数学的发展。——译者注

等的任何其他多边形。

出人意料的是,对多面体(由平面多边形封闭构成的立体)的类似定理却不成立。没有一种通用的方法可以用平面把任意多面体切开,并重新组合成等体积的另一种多面体,尽管在特殊情况下当然可以做到。1900年证明了棱柱不可能分割组合成正四面体,人们这才放弃了找到通用方法的希望。

尽管希尔伯特的方法可以保证把一种多边形分割成有限数目的小块来转换成另一种多边形,但需要的小块数目很大。要搞得简洁点,则要求分割的块数尽可能少。这往往是极难确定的。杜德尼在这种古怪的几何学艺术上取得了不寻常的成功,常常比长期保持的纪录高出一筹。例如,尽管将正六边形转换成正方形时,可以少到只分割成五块,可是多年来人们一直认为将正五边形做同样转换至少得分割成七块才行。杜德尼把这个数字成功地降到了六,这就是目前的纪录。图3.2显示了如何用杜德尼的方法把五边形转换成正方形。关于杜德尼是如何得出这个方法的,有兴趣的读者可以参阅他1917年出版的《数学中的娱乐》(*Amusements in Math-*

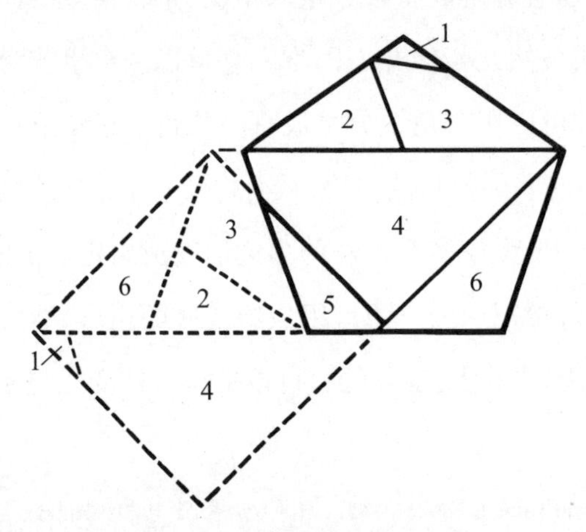

图3.2　五边形剪拼成正方形

ematics)[①]。

杜德尼最有名的难题“蜘蛛与苍蝇”是最短路线测量中一个既简单又值得玩味的题。它最早登载于1903年的一份英国报纸上,可直到两年以后他又投给伦敦《每日邮报》(*Daily Mail*)[②]后才引起公众的兴趣。有一个长方形的房间,尺寸如图3.3所示。蜘蛛在房间一端的墙壁中央距天花板1英尺处。苍蝇在对面墙壁中央离地板1英尺处,吓得动也不敢动。蜘蛛要爬过去逮住苍蝇,最短的距离是多少?

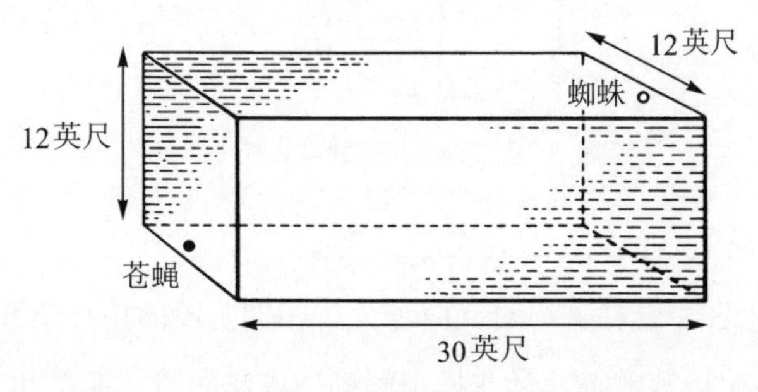

图3.3 蜘蛛与苍蝇

把房间展开,将墙和天花板翻折到一个平面内,在蜘蛛与苍蝇之间画一条直线,即可解决此题。但是,要把房间展平,有很多种方法,因而要确定最短路线并非看起来那么容易。

另一道类似但不如此题那么有名的最短路线难题涉及图3.4所示的圆柱形玻璃杯,它发表在杜德尼的《现代趣题》(*Modern Puzzles*, 1926年出版)上。玻璃杯高4英寸,周长6英寸。在内壁距顶部1英寸处有一滴蜂蜜。在外壁距底部1英寸且在蜂蜜的正对面处,有一只苍蝇。苍蝇爬到蜂

① 此书中译本由上海科技教育出版社分《亨利·杜德尼的代数趣题》和《亨利·杜德尼的几何趣题》出版。——译者注

② 英国五种大众型日报之一,1896年创刊。——译者注

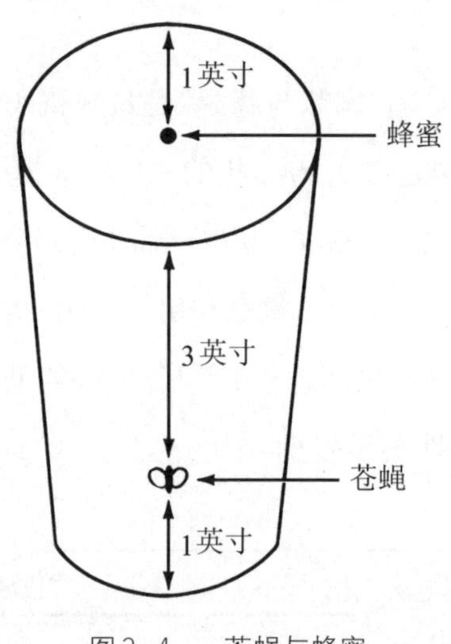

图3.4 苍蝇与蜂蜜

蜜处的最短路线是什么？它到底走了多远？

有趣的是，尽管杜德尼对当时才处于初期阶段的拓扑学并不太熟悉，但他经常使用巧妙的拓扑学花样来解各种各样的路径趣题和筹码移动趣题。他把这称为他的"纽扣与线"法。一个典型的例子就是图3.5所示的古代棋路题。用最少的步骤把白马和黑马互调位置，该怎么个走法？我们把外围的八个方格用纽扣代替（图3.5中），并画线表示所有马的可能移动。如果把这些线当作联结纽扣的缝纫线，那就很清楚，可以把线拉开变成一个圆圈（图3.5下）而不改变其拓扑学结构和纽扣间的联结。这时我们会马上发现，只需把马沿圆圈向任意方向走，直到它们互调位置，边走边记下每一步移动，就可以在原来的棋盘上照此重走。这会使开始看起来十分棘手的问题变得异常简单，甚至有点滑稽。

在杜德尼的诸多涉及数论的难题中，最难解的也许是《坎特伯雷趣题》里一位医生提出的问题。这位心灵手巧的医生制作了两个球形的药瓶，一个周长刚好1英尺，另一个周长2英尺。他说："我希望知道，另外两个药瓶

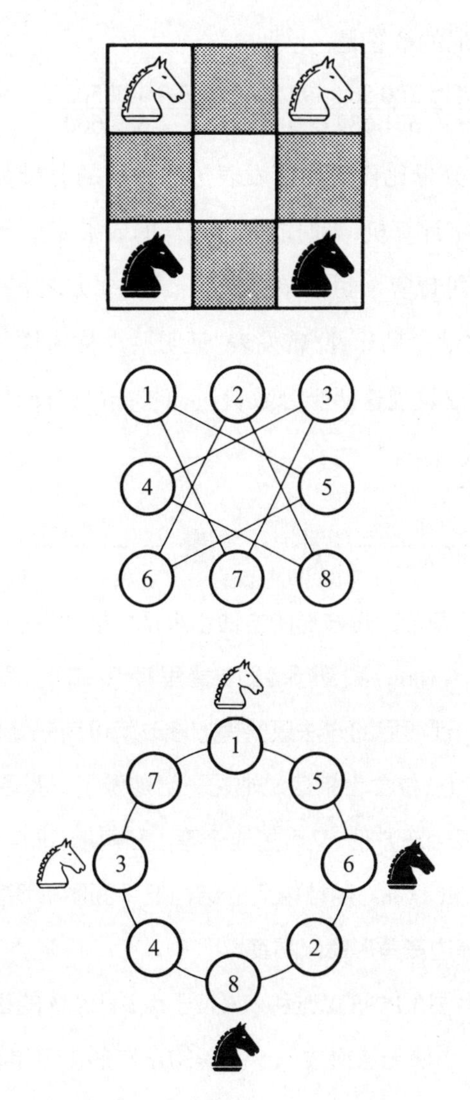

图3.5　杜德尼的"纽扣与线"法

的准确尺寸,它们的形状与这两个相似,但大小不同,而且它们合起来可以盛得下与这两个药瓶等量的药水。"

由于相似立体的体积之比与其相应线度的立方成正比,这就可以用丢番图法找到两个不同于1和2的有理数,且其立方之和等于9。这两个数当

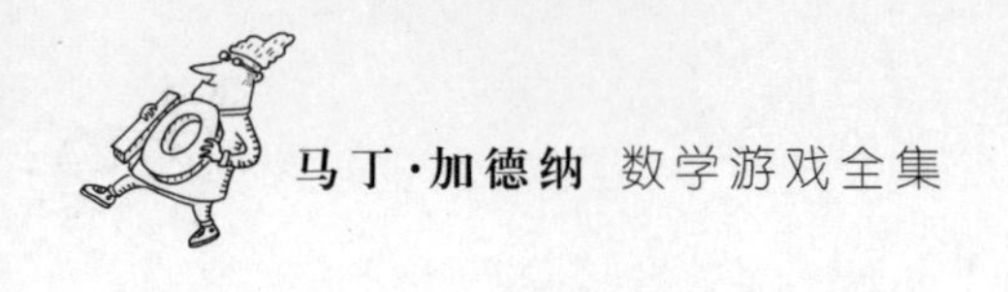

然都是分数。杜德尼的解答是：

$$\frac{415\ 280\ 564\ 497}{348\ 671\ 682\ 660} \text{和} \frac{676\ 702\ 467\ 503}{348\ 671\ 682\ 660}。$$

这两个分数的分母比任何以前发表过的分数的分母都要短。杜德尼并没有现代化的数字计算机，当时能取得这样的成果简直令人惊叹不已。

有兴趣的读者可以算一道简单点的题：求出立方之和等于6的两个分数。19世纪法国数学家勒让德[①]曾发表"证明"，声称这样的两个分数并不存在。可是当杜德尼发现这两个分数，且它们各自只有两位数的分子和分母时，这个断言不攻自破。

补　遗

杜德尼改等边三角形为正方形的方法引来了大批读者的有趣来信。伦敦的加斯金(John S. Gaskin)和新泽西州莫里斯敦市的尼默勒(Arthur B. Niemoller)分别发现，杜德尼的方法只要稍加修改就可用来处理一大批非等边三角形。布鲁克林的一位女士来信说她儿子给她做了一张四件套的桌子，桌面放在一起既可拼成个正方形，又可拼成个等边三角形，确实精致至极。纽约的莱昂斯(L. Vosburgh Lyons)用杜德尼的结构把平面图形切割成无穷多个互相连锁的正方形和等边三角形镶嵌图案。

有几位读者认为图3.1中的点J和点K位于点D和点E的正下方，并寄来他们的论证，说这几个小块无法拼成一个完美的正方形。可是杜德尼的结构并没有把点J和点K放在点D和点E的正下方。关于分割精确性的正式证明，可以在1960年2月的《数学教师》(*The Mathematics Teacher*)中找到，那是霍利(Chestar W. Hawley)写的文章，题目为"关于将正方形分割转换为等边三角形

① 勒让德(Adrien Marie Legendre, 1752—1833)，法国数学家。其研究涉及数学分析、几何、数论等多个分支。——译者注

的进一步说明”(A Further Note on Dissecting a Square into an Equilateral Triangle)。

杜德尼的“蜘蛛与苍蝇”一题,有一个值得注意的不同题型,见于克赖切克(Maurice Kraitchik)1953年的《数学游戏》(*Mathematical Recreations*)一书第17页。八只蜘蛛从矩形房间一端墙壁中心上方80英寸处的一个点出发,以各自不同的路线向对面墙壁中心下方80英寸处的苍蝇爬去。每只蜘蛛的前进速度都是每小时0.65英里。$\frac{625}{11}$秒后,它们同时到了苍蝇那里。问:这个房间的尺寸是多少?

答　案

蜘蛛爬向苍蝇的最短路线正好是40英尺整,如图3.6中展开的房间平面图所示。令读者吃惊的是,这个最短路线让蜘蛛爬过了房间的六个面中的五个。

图3.7是展开的圆柱体平面图,苍蝇可以沿着那条5英寸长的路线爬向蜂蜜。该路线恰似一束假想的光线从苍蝇那里射出,被矩形的顶边反射到蜂蜜上。很明显,其长度等于图中勾和股分别为3和4的直角三角形的斜边。

那两个立方之和等于6的分数是$\frac{17}{21}$和$\frac{37}{21}$。

关于补遗中的“蜘蛛与苍蝇”问题,其答案请查阅所引用的原书。

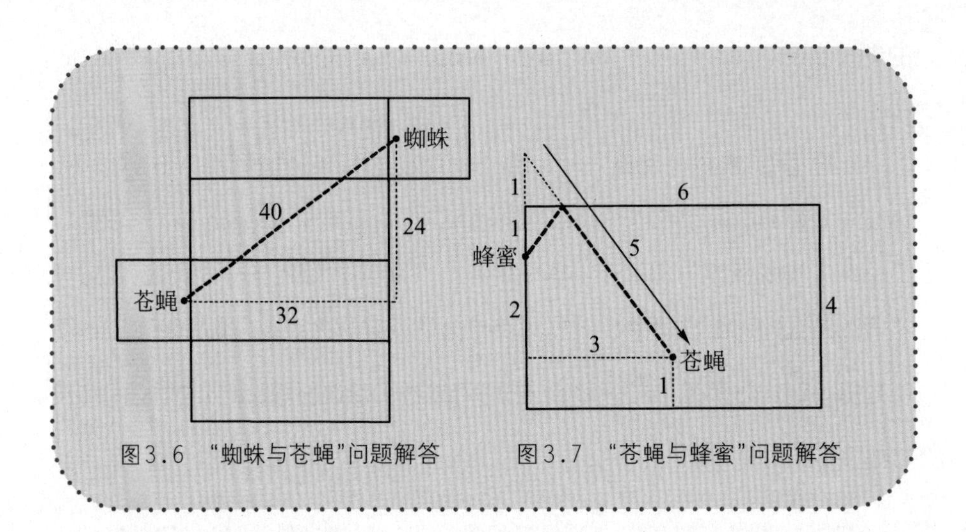

图3.6 “蜘蛛与苍蝇”问题解答

图3.7 “苍蝇与蜂蜜”问题解答

第 4 章

数码根

写下你的电话号码，把数字顺序随便打乱组成一个新数，然后从较大的那个数中减去较小的数。把得数的各位数码加起来。现在把手指放在图4.1里由神秘符号组成的圈中的星形上，按顺时针方向往下计数，以星形为1，三角形为2，一直数到你刚才算出的那个数停止。你的计数肯定停留在螺旋上。

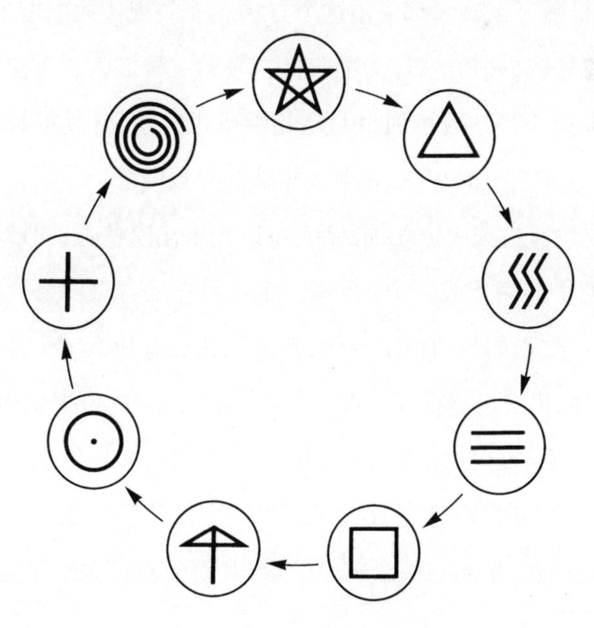

图4.1　电话号码戏法的符号

其实这个戏法并不难理解，它在不知不觉中向你介绍了伟大的德国数学家高斯创立的数值同余概念。如果两个数除以已知数k，它们的余数相等，就说这两个数对模k同余。数k叫做模数。这样一来，因为16和23除以7时都余2，所以可以说，这两个数对模7同余。

因为9是十进制系统中的最大数码，任何数的各位数码相加之和总是与原数对模9同余。把这个得到的第二个数的各位数码再加起来，就可以得出第三个与前两个数同余的数，而且如果一直这样算下去直到最后只余一位数，那它就是那个余数本身。例如，4157除以9余8。它的各位数码相加等于17，对于模9余数也是8。17的各位数码相加等于8，这个数码就是原数的数码根。它与原数对模9的余数一样。余数为0的数是例外，这时的数码根是9而不是0。

算出数码根的方法就是古代的"舍九法"。在计算工具发明以前，会计检验计算结果是否正确时都采用这个方法。一些现代化的电子计算机，如IBM的NORC[①]，就将该方法作为准确性自查的一种嵌入式方法。该方法的原理是，如果把一些整数相加、相减、相乘或正好整除，其得数将与把原整数对模9的数码根相加、相减、相乘或相除的得数同余。

例如，要快速检查大数相加的和，可以先求出这些数的数码根，把它们加起来，再把得数简化成一个数码根，然后看它是否与你要检查的那个得数的数码根一致。如果两根不一致，就可以知道有什么地方算错了。如果两根完全一致，仍有可能存在错误，但计算结果无误的概率就相当高了。

让我们来看看这些原理在那个电话号码戏法中是怎么运用的。把数字随便打乱，并不改变其数码根，那么我们所做的就是从一个较大的数里减去与它的数码根相同的一个较小的数，其得数肯定是一个能被9整除的

① IBM公司（成立于1911年）制造的海军军械研究用计算机。——译者注

数。要弄清为什么,可以把较大的数看作是9的若干倍加上一个数码根(即除以9后的余数)。较小的数由小一些的9的倍数加上**同样**的数码根构成。当把较小的数从较大的数中减去时,数码根就会抵消,余下的则是9的倍数。

$$\frac{（9的倍数）+一个数码根-（9的倍数）+同一个数码根}{（9的倍数）+0}$$

既然得数是9的倍数,它的数码根就是9。把各位数码加起来得出的是数码根同样为9的较小的数,于是最后的结果肯定是9的倍数。这个神秘符号圈中有9个符号,因此从第一个符号开始往下数时,最后一个数肯定落在第九个符号上。

在解一些似乎异常困难的问题时,数码根的知识常常会带来惊人的简便方法。例如,假设要你找到一个由1和0组成的能被225整除的最小数。225的数码根是9,于是你立即知道要求的数必须同样含有数码根9。由1组成的含有数码根9的最小数很明显是111 111 111。在有效位上加0,只会把数增大,并不改变数码根。我们的问题是要给111 111 111增加最小的量,以使它能被225整除。由于225是25的倍数,我们要找的数也必须是25的倍数。25的所有倍数必须是以00、25、50或75结尾的数。后三种这里当然不能用,那么就把00接在111 111 111后,得出的答案是11 111 111 100。

数学游戏也常常借用数码根分析法,例如下面这个用一颗骰子玩的游戏。通常双方商定一个大于20的任意数会使游戏更有意思。第一个人掷一下骰子,把最上面的点数记分。第二个人可以把骰子向任意方向翻转四分之一,把上面的点数加到第一个人的分数上。游戏的双方交替翻转骰子,累加点数,直到一方恰好达到刚才商定的数取胜,或设法使对方超过该数而失败。这个游戏很难分析,因为每一轮可选的四个边上的数字是随骰子的方向变化的。那么取胜的最佳对策是什么呢?

这个对策中的关键数是与商定的目标数有同样数码根的那些数。如果你能按这个数列累加点数,或一直阻止对手这么做,就肯定能取胜。例如,这个游戏常用31作为目标数,它的数码根是4。第一个人稳操胜券的唯一办法是掷出个4点。随后或者设法进入数列4-13-22-31,或者设法让对手无法进入这个数列。要让对手没法进入这个数列有一定的技巧,我只准备讲一点:要么加到比关键数小5的数,且把5留在骰子的顶面或底面;要么加到比关键数小3或4,或比关键数大1的数,且把4留在骰子的顶面或底面。

除目标数的数码根碰巧是9以外,能保证第一个人取胜的掷点数经常只有一个;有时也会有两个或三个。在这些情况下,常常是第二个人有机会稳操胜券。如果目标数随机选择,获胜的可能性偏向于第二个人。如果是由第一个人选定目标数,要想获得最大的取胜概率,他所选的数的数码根应是多少?

大量的自演扑克戏法运用了数码根的特性。以笔者个人所见,其中出类拔萃的要属近来正在魔术用品店行销的一份题为"记住未来"的四页打字稿上讲述的那个戏法。这是一位名叫詹姆斯(Stewart James)的人发明的。他是安大略省[①]考特赖特市的魔术师,他设计的高质量数学扑克戏法比世上任何人都要多。经征得他的同意,我在此讲解一下他这个戏法。

从一副反复洗过的扑克里取出A至9共九张牌,把A放在最上面[②],按顺序依次排好。当着观众的面做完以上这些,然后告诉他们,你将通过切

---

① 加拿大一省份,首府多伦多。——译者注

② 原文如此,但似乎应把A放在最下面,这样排好后翻成牌面向下时A才会在最上面。——译者注

牌，使谁也不知道什么牌在什么位置。把这一小叠牌牌面向下拿在手里，装着随便切洗一下，实际上要把底下那三张牌切换到上面来。从上往下，牌的顺序是7–8–9–A–2–3–4–5–6。

慢慢地每次从这一小叠牌的上面拿起一张放到余下那一大叠牌的顶部。在此过程中，每拿起一张牌，问观众是不是想选择它（当然，他必须从9张牌中选一张）。当他说"要"时，把那一张牌与手里剩余的几张一起放在旁边，这一张要放在最上面。

让观众把那一大叠牌从任意一张处分成两叠。点一下各叠的张数，然后分别把两数的各位数码加起来直至余一位数，减化成数码根。把两个数码根加起来，必要时把这一步的得数再变成数码根。现在把观众刚才要的那张牌从旁边那一小叠上翻过来。它与你的计算结果所预言的完全一致！

为什么这么巧？把那9张牌排好，再切一次后，最上面的是7。大叠牌共有43张，这个数的数码根正好是7。如果观众不要这张7，那就把它放到那大叠牌上，总数成为44。小叠牌的最上面一张是8，8刚好是44的数码根。换句话说，观众要的那张牌必须与大叠牌的张数的数码根相符。把大叠牌分成两叠，把两叠的张数的数码根按上述办法加起来，当然会得出与整叠牌张数的数码根相同的数字。

补　遗

本章开头处讲到，因为我们使用的进位制是10，所以任何数的数码根与它除以9后的余数相同。这证明起来并不难。也许下面这个非正式的证明论述会引起一些读者的兴趣。

考虑一个四位数，比如4135。这个数可以写成10的幂之和：

$$(4\times1000)+(1\times100)+(3\times10)+(5\times1)。$$

如果从10的每个幂中减去1，可以把这个数写成：

$$(4\times999)+(1\times99)+(3\times9)+(5\times0)+4+1+3+5。$$

括号中的式子都是9的倍数，把它们去掉后，就只剩下4+1+3+5，即原数的数码。

一般来说，由数码$abcd$表示的数可以写成：

$$(a\times999)+(b\times99)+(c\times9)+(d\times0)+a+b+c+d,$$

因此，$a+b+c+d$一定是把9的某个倍数去掉后的余数。这个余数当然可能不止一位数。如果出现这种情况，同样的过程会表明，**该数**各位数码之和会给出另一个再次去掉9的某个倍数后的余数。我们可以一直算到只剩下一位数——那个数码根。不管那个数有多么大，都可以采用本方法。因而数码根就是把9的最大倍数去掉后的余数；也就是原数除以9后的余数。

数码根可以用来从反面检验一个相当大的数是不是个完全平方数或完全立方数。所有的平方数都含有1、4、7或9的数码根，而且末位数不可以是2、3、7或8。立方数的末位数可以是任何数码，但数码根必须是1、8或9。最奇特的是，除6这个最小完满数[①]外，一个偶完满数(到目前为止尚未发现有奇完满数)的末位一定是6或28，并且数码根为1。

---

① 如果一个数等于它的全部真因数之和，则称这个数为完满数。如6=1+2+3。——译者注

答　案

在用一颗骰子玩的游戏中，如果由先掷的一方确定目标数，最佳选择是定一个数码根是7的数。下表一一列举了目标数9个可能的数码根，以及先掷一方可以取胜的首掷点数。数码根7有三个可以取胜的首掷点数，比其他任何数码根的取胜机会都要多。这就给了先掷一方$\frac{1}{2}$的掷出取胜点数的机会。如果掷中点数，只要后面玩的过程不出差错，他就一定能取胜。

目标数的数码根	取胜的首掷点数
1	1、5
2	2、3
3	3、4
4	4
5	5
6	3、6
7	2、3、4
8	4
9	无

第5章

九个问题

1. 旋转的螺栓

两个完全一样的螺栓相互密接，使螺纹相扣（图5.1）。如果捏紧螺栓头，并通过拇指的转动把这两个螺栓互相绕着按图示的方向旋转，两个螺栓头会如何移动？(a)相互更接近；(b)相互离开；(c)保持原距离。本题要求不用实验方法解答。

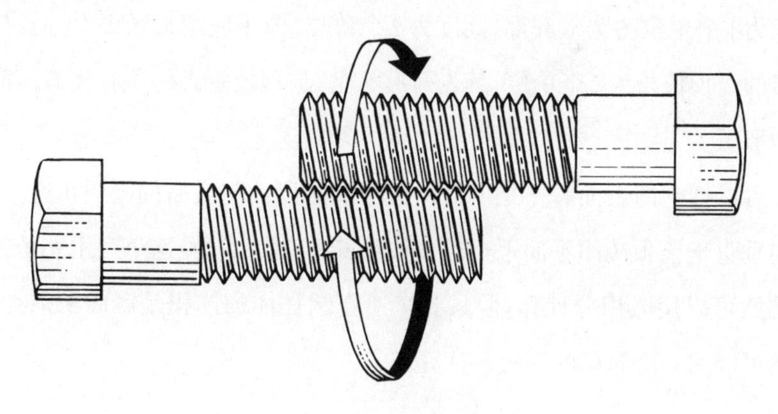

图5.1　旋转的螺栓

2. 环 球 飞 行

一群飞机驻扎在一座小岛上。每架飞机的油箱可装载供其环球飞行半周的油料，油料可以靠飞行中的一架飞机给另一架飞机输油的方式来传送，只有该岛上可获得油料。本题假设无论在地面还是在空中，加油都不占时间。

要保证让一架飞机环球飞行一周，至少需要出动多少架飞机？假设飞机的地速始终不变，耗油率相同，且所有飞机得全部安全地回到岛上基地。

3. 棋盘上的圆

棋盘上各方格的边长是2英寸。要在棋盘上面画一个圆，使圆周全部画在黑方格上，最大圆的半径是多少？

4. 三 用 塞 子

很多老的趣题书都讲到过怎样才能切削出一个能塞住方、圆和三角形孔的三用塞子（如图5.2）。一个有趣的问题是算出它的体积。设塞子有一个半径为1个单位的圆形底部，高度为2个单位，位于底圆直径正上方且与其平行的直顶棱长为2个单位。其表面形状是，与顶棱垂直的所有竖截面都是三角形。

可以把它的表面看作是由一条把尖尖的顶棱与底面的圆周相连，并始终与垂直于该顶棱的平面平行的直线不断移动生成的。这个三用塞子的体积当然可以用微积分计算。但只要知道直圆柱体的体积是底面积乘高，那么就可以用一个简单的办法来计算它。

5. 翻来覆去的数

一个独特的室内戏法是这样表演的：让观众甲在纸条上随便写下一个三位数，然后把这个数重写一下变成一个六位数（如394 394）。你转过身去不看他写的是什么，并让观众甲把纸条递给观众乙，让观众乙用7去除这个数。

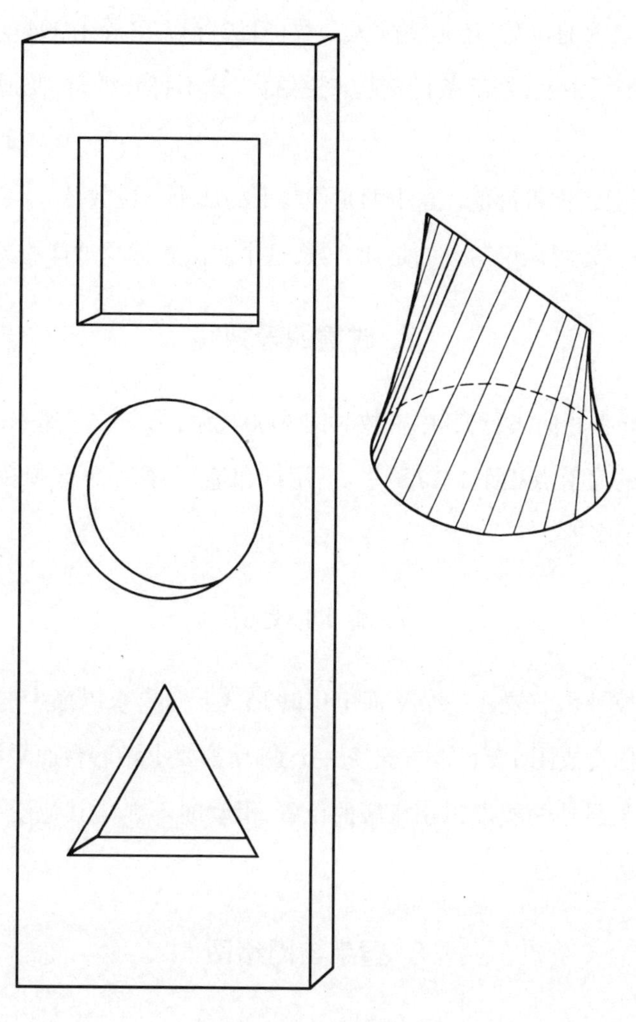

图5.2　三用塞子

“放心吧，不会有余数的，”你这样告诉观众乙。他会吃惊地发现真的没有余数（如394 394除以7等于56 342）。不要让他把答案告诉你，而是把纸条传给观众丙，再让观众丙用11去除观众乙的得数。你还是告诉他，不会有余数，计算结果证明这一点不错（56 342除以11等于5122）。

你仍背着身，不知道这些运算后的结果，再让第四个人——观众丁用

13去除观众丙的得数。还是整除无余数(5122除以13等于394)。让他把得数写在一张纸条上,把纸条折叠起来递给你。你不打开纸条,便把它递给观众甲。

"打开吧,"你告诉他,"这上面是你写下的那个三位数。"

求证:不管观众甲写下的是什么数,这个戏法永远是这样的灵验。

6. 碰撞的导弹

两枚导弹相向飞行,其中一枚时速9000英里,另一枚时速21 000英里。两枚导弹的发射点相距1317英里。不用纸和笔,心算一下导弹在碰撞前一分钟时相距多远。

7. 滑 动 硬 币

有六枚硬币放置在一个平面上(如图5.3上)。要求以最少的挪动次数把图形结构变成图5.3下的样子。每一次挪动都要求贴着台面平滑,把硬币换到一个与另外两枚硬币相接触的位置,滑动时不能碰其他硬币。所有硬币得始终贴着台面。

8. 握手与网络图

求证:最近一次生物物理学家大会上握手次数为奇数的科学家人数是个偶数。本题还可以用图表示:在一张纸上任意画若干个点(代表生物物理学家),从一个点到任何其他点之间任意画线(代表握手)。你愿意让哪个点"握"多少次手都可以,也可以让有些点根本不"握手"。证明由奇数根线条相连的点有偶数个。

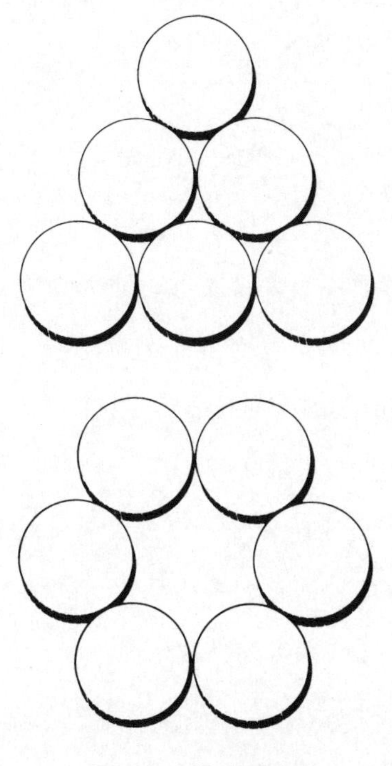

图5.3　滑动硬币

9. 三角决斗

史密斯、布朗和琼斯商定了一个不寻常的规定进行手枪决斗。当抽签决定了开枪的先后顺序后，他们三人站成一个等边三角形。商定每人每次只开一枪，以相同顺序循环往复，直至其中两人死亡。每个轮到开枪的人可以瞄准任何目标。三个决斗者都知道史密斯百发百中，布朗的命中率是80%，而琼斯的命中率是50%。

假设他们三人都采取最佳对策，且没有人受流弹误杀，谁的幸存概率最大？更难一点的问题是：这三个人准确的幸存概率分别是多少？

答　案

1. 旋转的螺栓头既不更为接近也不离开。这与一个人在下行的自动扶梯上以相等的速率向上走是一个道理。(感谢卡林(Theodore A. Kalin)让这个问题引起了我的关注。)

2. 出动三架飞机足以保证一架飞机环球飞行一周。有很多种可行方法,但下面介绍的这种方法可能是最有效的。它只需要五箱油,并有足够的时间让两架飞机的飞行员在基地加油时先吃块三明治并喝杯咖啡。整个过程对称得令人拍案叫绝。

A、B、C三架飞机同时起飞。飞完全程的$\frac{1}{8}$时,机C给机A和机B各输$\frac{1}{4}$箱油。机C还剩$\frac{1}{4}$箱油,正好够返航。

机A和机B接着再飞行全程的$\frac{1}{8}$,然后机B给机A输$\frac{1}{4}$箱油。机B现在有半箱油,正好够返航。

这时机A的油箱是满的,可以维持到离基地$\frac{1}{4}$的行程处。当机A把油用完时,机C已在基地加过油后正等在空中接应,它给机A输$\frac{1}{4}$箱的油后,与机A一起向基地飞去。

飞到离基地$\frac{1}{8}$行程处时,这两架飞机的油全部用完,这时加过油的机B在空中接应,给机A和机C各输$\frac{1}{4}$箱的油。这样,三架飞机在油全部用完时可同时到达基地。

这个全过程可以用图5.4来解释，其中距离是横轴，时间是竖轴。当然，应当把图的左右两边看作是相连的。

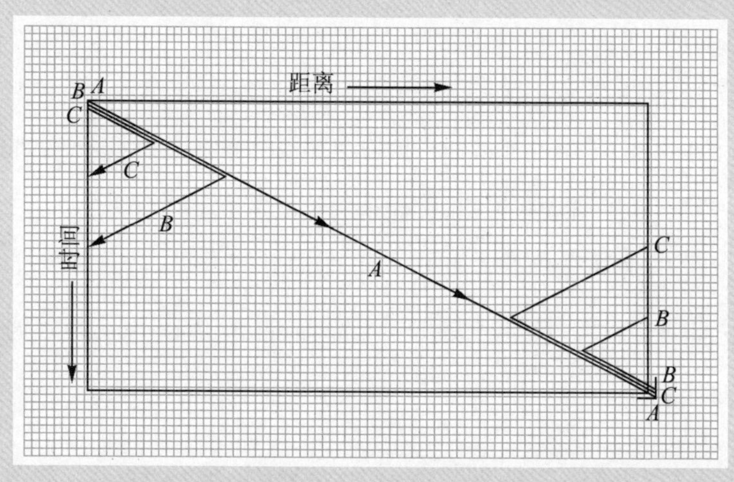

图5.4 环球飞行

3. 如果把圆规尖扎在边长为2英寸的棋盘上黑方格的中心，①把圆规臂张到与10英寸的平方根相等的距离时，铅笔尖画过的就是最大的只落在黑格上的圆。

4. 任何与顶棱成直角且与底面垂直的塞子的竖截面都是三角形。如果该塞子是个同样高度的圆柱体，那么相对应的截面就是矩形。每个三角形截面的面积显然是相应的矩形截面面积的一半。由于所有的三角形截面合起来构成塞子的形状，那么这个塞子的体积一定是圆柱体体积的一半。圆柱体的体积是2π，于是，

① 只能选取8×8棋盘中央的8个黑方格之一。——译者注

我们要求的答案就是π。(这个解答出现在布查特(J. H. Butchart)和莫泽(Leo Moser)发表于1952年9—12月的《数学手稿》(*Scripta Mathematica*)杂志的文章"请不要用微积分"(No Calculus, Please)中。)

实际上,能塞住这三个孔的三用塞子形状有无数种。本题中描述的这种,是这类可以三用的凸立体中体积最小的一种。体积最大的一种可以这样制作:把圆柱体平切两下,如图5.5所示。这一种是大多数趣题书里讲到塞子时采用的形状,其体积等于$2\pi-\frac{8}{3}$。(感谢纽约东锡托基特的罗伯逊(J. S. Robertson)提供该计算结果。)

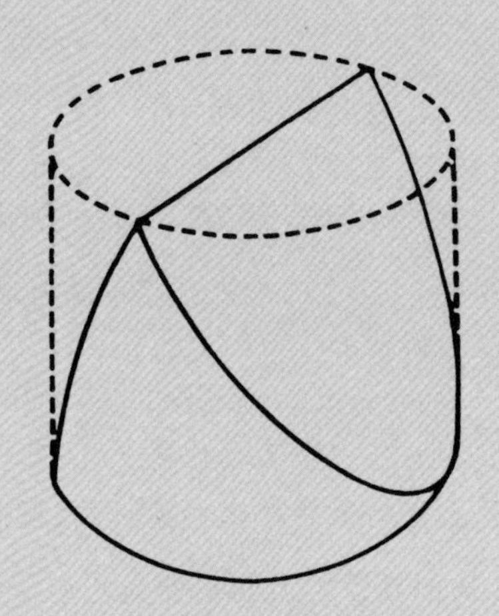

图5.5 切削塞子

5. 把一个三位数写两遍变成个六位数,等于将这个三位数乘以1001。这个数的因数是7、11、13,那么把一个三位数再写一遍就等于将它乘以7、11和13。自然而然,当这个六位数被连续用这三个因数除后，商就是原来那个三位数。（这个问题选自佩雷尔曼（Yakov Perelman）1957年于莫斯科出版的《数字趣谈》（*Figures for Fun*）一书。）

6. 那两枚导弹相向飞行的速度之和是每小时30 000英里，或者说是每分钟500英里。从时间上往后推，可知碰撞前一分钟时，导弹间相距500英里。

7. 把塔尖上那枚硬币标上数字1，相邻行的下面两枚标上2和3，底层的三枚标上4、5、6。解决本题的很多办法中，下面的一种比较典型，只有四步。挪动1，使其接触2和4；挪动4，使其接触5和6；挪动5，使其接触1和2[①]；最后挪动1，使其接触4和5。

8. 因为每一次握手要牵涉到两个人，会上每个人握手的总次数就能用2整除，因此是个偶数。握手次数为偶数的人的总握手次数当然还是偶数。如果从会上每个人握手的总次数中减去这个偶数，得出的就是握奇数次手的人握手次数的总和。只有偶数个奇数的总和才能得出个偶数，于是就可以得出：偶数个人握了奇数次的手。

还有其他方法可以证明这一定理，最为出色的证明之一是由美国海军军医官舍恩菲尔德（Gerald K. Schoenfeld）寄给我的。会议起始阶段，握手开始之前，握奇数次手的人数是0。第一次握手产生了两个"握奇数次手的人"。从这里开始，握手可分为三类：两个握偶数次手的人之间，两个握奇数次手的人之间，或一偶一奇

① 有两个位置可以接触1和2，这里显然选下方的位置。——译者注

之间。每一次偶-偶握手使握奇数次手的人数以2递增。每一次奇-奇握手使握奇数次手的人数以2递减。每一次奇-偶握手把一个握奇数次手的人变成握偶数次手的人,同时把一个握偶数次手的人变成握奇数次手的人,这就使握奇数次手的人的数字保持不变。因而,握奇数次手的人的总数是无法由偶数变成奇数的;它将永远是偶数。

这两个证明都适用于题目中把一对对点用线条联结起来的那个图。在由线条构成的网络图中,奇数根线条交汇处的点有偶数个。本定理在第七章谈到网络觅路趣题时还会碰到。

9. 在这个三角手枪决斗中,枪法最差的琼斯幸存的概率最大。百发百中的史密斯,幸存概率为第二。因为轮到琼斯的两个对手开枪时,他俩会互相瞄准,琼斯的最佳对策就是朝空中开枪,让两个对手互相残杀,直至一人毙命。接着他将先向活着的那个对手开枪,这会给他极大的优势。

史密斯幸存的概率最容易确定。在他与布朗的决斗中,先开枪的概率是$\frac{1}{2}$,此时他将杀死对手。布朗先开枪的概率也是$\frac{1}{2}$,由于布朗的命中率是$\frac{4}{5}$,史密斯从布朗枪下幸存的概率是$\frac{1}{5}$。这样史密斯对布朗的幸存概率是$\frac{1}{2}\times\frac{1}{5}+\frac{1}{2}=\frac{3}{5}$。命中率只有一半的琼斯,这时就朝史密斯开一枪。如果打不中,史密斯反过来会把他击毙,故史密斯从琼斯枪下幸存的概率是$\frac{1}{2}$。史密斯幸存的总概率也就是$\frac{3}{5}\times\frac{1}{2}=\frac{3}{10}$。

布朗的情况就要复杂得多,因为这后面的可能性是一个无穷级数。他从史密斯枪下幸存的概率是 $\frac{2}{5}$(上面讲了史密斯从布朗枪下幸存的概率是 $\frac{3}{5}$,两人中必定有一人活着,从1中减去 $\frac{3}{5}$ 就得到布朗的幸存概率)。布朗这时面临的情况是,琼斯要开枪打他。琼斯打不中的概率是 $\frac{1}{2}$,而布朗打中琼斯的概率是 $\frac{4}{5}$。截止到这个时候,布朗击中琼斯的概率是 $\frac{1}{2}\times\frac{4}{5}=\frac{4}{10}$。可是,布朗打不中琼斯的概率是 $\frac{1}{5}$,这给了琼斯又一次开枪的机会。布朗幸存的概率又是 $\frac{1}{2}$;接着他又有 $\frac{4}{5}$ 的概率击毙琼斯。这样,在第二轮与琼斯的枪战中他幸存的概率是

$$\frac{1}{2}\times\frac{1}{5}\times\frac{1}{2}\times\frac{4}{5}=\frac{4}{100}。$$

如果布朗再次失手,第三轮中击毙琼斯的概率只有 $\frac{4}{1000}$;如果还是失手,第四轮的概率会是 $\frac{4}{10\,000}$,以此类推。布朗与琼斯对峙中的总幸存概率是下列无穷级数之和:

$$\frac{4}{10}+\frac{4}{100}+\frac{4}{1000}+\frac{4}{10\,000}+\cdots。$$

这可以写成循环小数0.444 444…,是 $\frac{4}{9}$ 的小数展开。

前面已经看到,布朗与史密斯对峙的幸存概率是 $\frac{2}{5}$;现在又看到,他与琼斯对峙的幸存概率是 $\frac{4}{9}$。因此他的总幸存概率是 $\frac{8}{45}$。

琼斯的幸存概率可用类似方法算得。当然从1中减去史密斯

的 $\frac{3}{10}$ 和布朗的 $\frac{8}{45}$，就可以立刻算出琼斯的幸存概率是 $\frac{47}{90}$。

整个决斗可以用树形图(如图5.6)方便地展示。如果琼斯先开枪，他会朝天放一枪让过去，所以决斗只在两个分叉上展开，导致两个相等的可能性：或史密斯先开枪，或布朗先开枪，当然都是着意击毙对手的。其中一个分叉会无穷尽地延伸下去。各人的总幸存概率可以用下面方法计算：

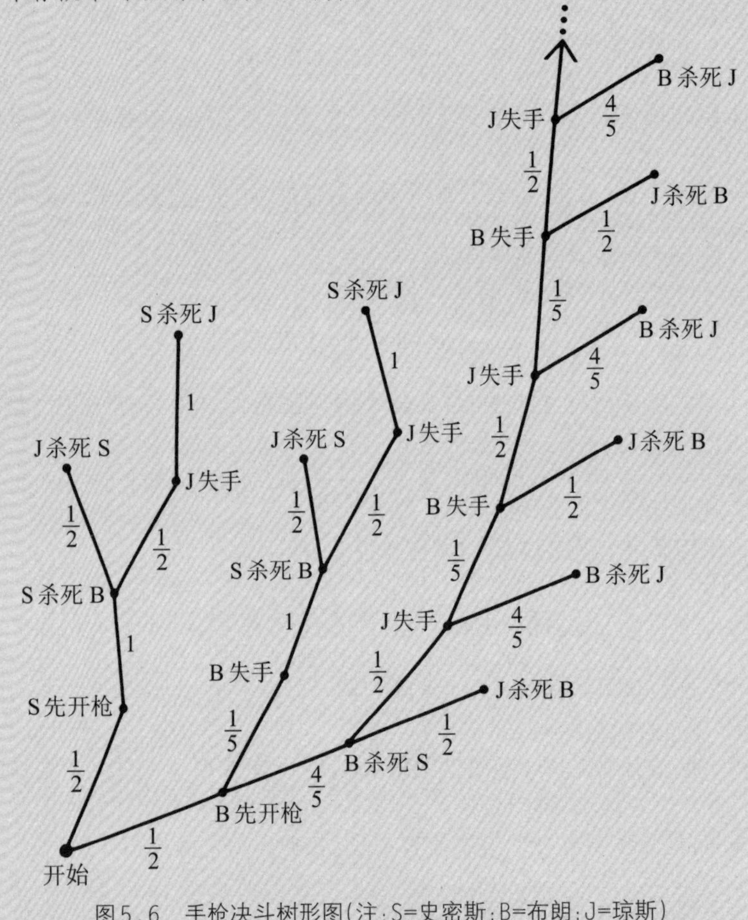

图5.6 手枪决斗树形图(注：S=史密斯；B=布朗；J=琼斯)

(1) 把所有分叉尽头处只有这个人幸存的点作上记号。

(2) 由分叉尽头往根部追溯,把经过的每个分段上的概率相乘,得到的积就是分叉尽头处事件发生的概率。

(3) 把所有作上记号的尽头处事件的概率相加,其和就是这个人的总幸存概率。

在计算布朗和琼斯的幸存概率时,会牵涉到无穷多的分叉尽头。但从示意图上不难看出各种情况下列出无穷级数公式的方法。

我当初发表这个问题的答案时加了一句话:也许某个地方牵涉着与这个故事有关的国际政治活动的教训。这句话使俄亥俄州代顿市的基恩(Lee Kean)写了这样一段评述:

先生们:

我们不能指望参与国际政治活动的国家会像个人一样做事时那么明智。只有一半成功率的琼斯,也许不采取最佳对策。轮到他打时,他会对他认为最危险的对手连续射击的。即使这样,他幸存的概率仍然最大,为44.722%。布朗和史密斯的幸存 概率顺序则颠倒了过来。命中率达80%的布朗,幸存概率是31.111%,百发百中的史密斯排在最末,幸存概率只有24.167%。也许这种情况对国际政治活动的教训更有意义。

这个问题以各种不同的形式出现在多本趣题书中。我所知道的最早出处是1938年菲利普斯(Hubert Phillips)的《提问时刻》(*Question Time*)一书的第223题。该问题的另一个不同版本出现在1946年金奈尔德(Clark Kinnaird)的《趣题与消遣大全》(*Encyclopedia of Puzzles and Pastimes*)一书中,但其解答是错误的。金奈尔德版本中那个问题的正确概率值出现在1948年12月的《美国数学月刊》(*The American Mathematical Monthly*)第640页上。

第 6 章

索玛立方块

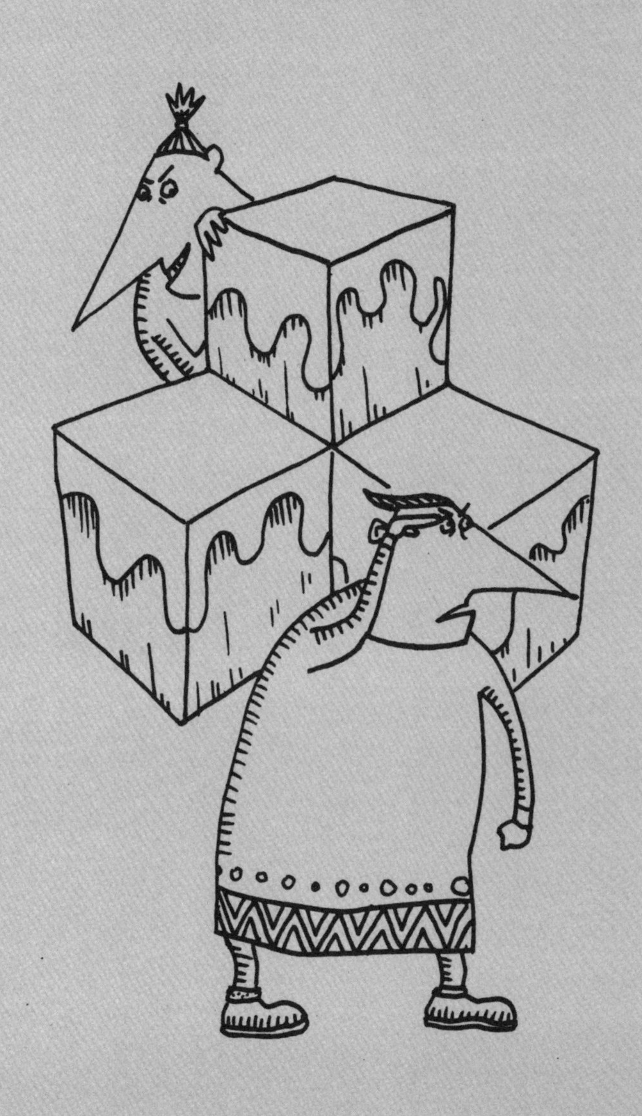

"……没有时间，没有空闲……没有一刻能坐下来思考——万一在心神烦乱时不幸有了一点多余的时间，也总是想着'索玛'，美妙的'索玛'……"

——奥尔德斯·赫胥黎[1]

《美丽新世界》

具有上千年历史的中国七巧板游戏是把一张正方形的薄板裁成七个小块做成的。游戏目的是把这些小块拼合成其他各种图案。不时会有人下很大工夫试图设计出同样原理的三维立体结构。以我之见，在这方面所取得的成果，没有一种能比得上海恩(Piet Hein)发明的索玛立方块[2]。海恩是一位丹麦作家，他发明的数学游戏：纳什棋和十六子棋在本系列的《悖论与谬误》中有过讨论。(在丹麦，海恩以他的短诗集著称，其笔名为古贝尔

① 奥尔德斯·赫胥黎(Aldous Huxley, 1894—1963)，英国小说家，达尔文进化论的积极宣传者赫胥黎的孙子。1932年出版名作《美丽新世界》(*Brave New World*)，是20世纪最经典的反乌托邦文学之一。在这本科幻小说中，设想人类在2500年发明了一种叫做"索玛"(Soma)的精神药物，只要服下它，马上就会心情舒畅，感到满足。也许这就是为什么把这套玩具叫作"索玛"的原因。——译者注

② 一套由立方体构成的形状各不相同的积木，用来拼各种立体图形。作为玩具出售时，以商标Soma得名。——译者注

(Kumbel))。

海恩是在一次听海森伯[1]的量子物理学讲座时构思出索玛立方块的。当这位杰出的德国物理学家讲解一个分割成立方块的空间时,海恩那活跃的想象力飞快地产生了下面这条奇特的几何原理:将不超过四个大小一致的立方块面面相接,可构成各种不规则形状,然后把各种不规则形状全部放在一起,就可以拼出一个体积更大的立方体。

让我们讲得更清楚些。最简单的不规则形状可由三个立方块构成,如图27-1(这里所说的"不规则"是指在该立体的某个部位有凹陷或弯角)。由三个立方块构成的不规则形状只有这么一种。(由一个或两个立方块显然无法构成不规则形状。)用四个立方块面面相接构成不规则形状时,我们会发现六种不同的方法,如图6.1中2至7所示。为了方便起见,海恩给它们编上了号。尽管5号和6号互为镜像,但是这六种不规则形状各不相同。海恩指出,两个立方块只能沿着一条坐标轴相接,三个立方块可以提供第二条坐标轴,且与第一条坐标轴垂直,想再作出第三条与另两条坐标轴都垂直的坐标轴,就得有四个立方块。由于我们无法进入四维空间,沿着由五个立方块提供的第四条坐标轴将立方块相接,一套索玛立方块的数字限制在七个是完全合理的。出乎意料的是,这些由大小一致的立方块构成的基本组合可以放在一起再次构成一个立方体。

海森伯继续着他的讲解,而海恩则在一张纸上涂画,并迅速得出推论:这七种组件共有27个立方块,可以构成一个3×3×3的立方体。讲座结束后,他把27个立方块粘成这七种不规则形状,并很快证实了他的推论。这套组件以"索玛"(Soma)的商标名进行出售,而这个趣味游戏也在斯堪的纳

① 海森伯(Werner Karl Heisenberg, 1901—1976),德国物理学家,量子力学创始人之一,1932年诺贝尔物理学奖获得者。——译者注

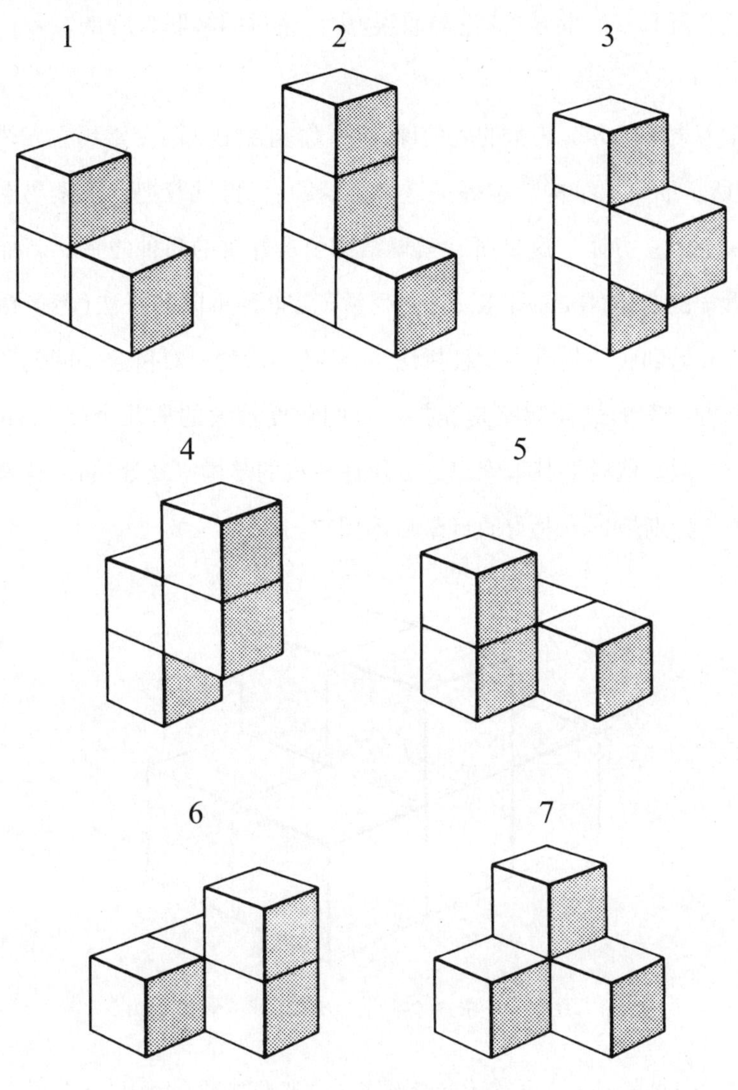

图6.1　七个索玛立方块

维亚国家流行起来。

制作一套索玛立方块，只需要一些儿童积木（本书读者真应该制作一套，因为它可以使你全家沉浸在游戏里忘掉一切）。这七个组件很容易制作，你只需在要相接的立方块面上涂上黏合剂，等晾干后把它们按起来粘牢。这套玩具实际上是《悖论与谬误》中讨论过的多联骨牌的一种三维形式罢了。

作为索玛立方块艺术的入门课,看看你能否用某两个索玛立方块拼出图6.2所示的阶梯结构。掌握了这个小问题后,再试着把七个索玛立方块拼成一个大立方体。这是所有索玛结构中最好拼的品种之一。新加坡马来亚大学的盖伊(Richard K. Guy)列举了230种不同的拼法(不包括旋转和镜像),但到底一共有多少种拼法,目前还不清楚。对付这一问题和其他索玛结构图案的最佳策略是先把不规则程度较大的那几个(5号、6号、7号)拼在一起,然后把其他索玛立方块往拼成的结构空缺处填补,这就会容易一些。特别是1号,最好直到最后才用它。

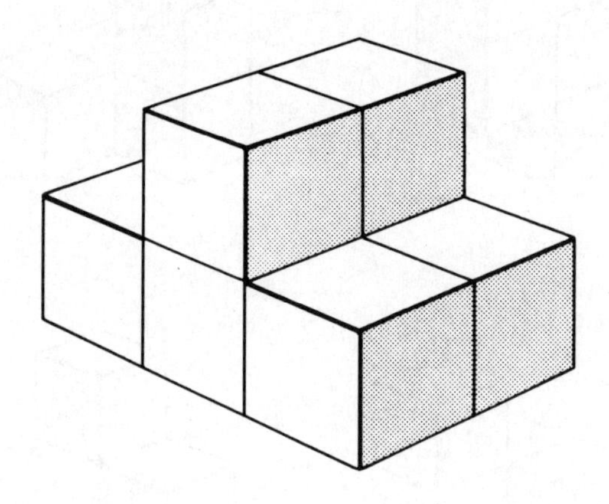

图6.2 由两个索玛立方块拼成的形状

把立方体拼成后,再着手拼搭图6.3中那些较难的由七个索玛立方块构成的结构。你并不需要既费时又费工地反复摸索试验,只要有点几何洞察力,就可通过分析其结构来节省拼搭时间。例如,很明显,用5号、6号、7号这三个拼不出水井结构前的那些台阶。可以举行小组竞赛,给每位参赛者一套索玛立方块,看看谁能在最短的时间内拼出指定的图案。为避免误

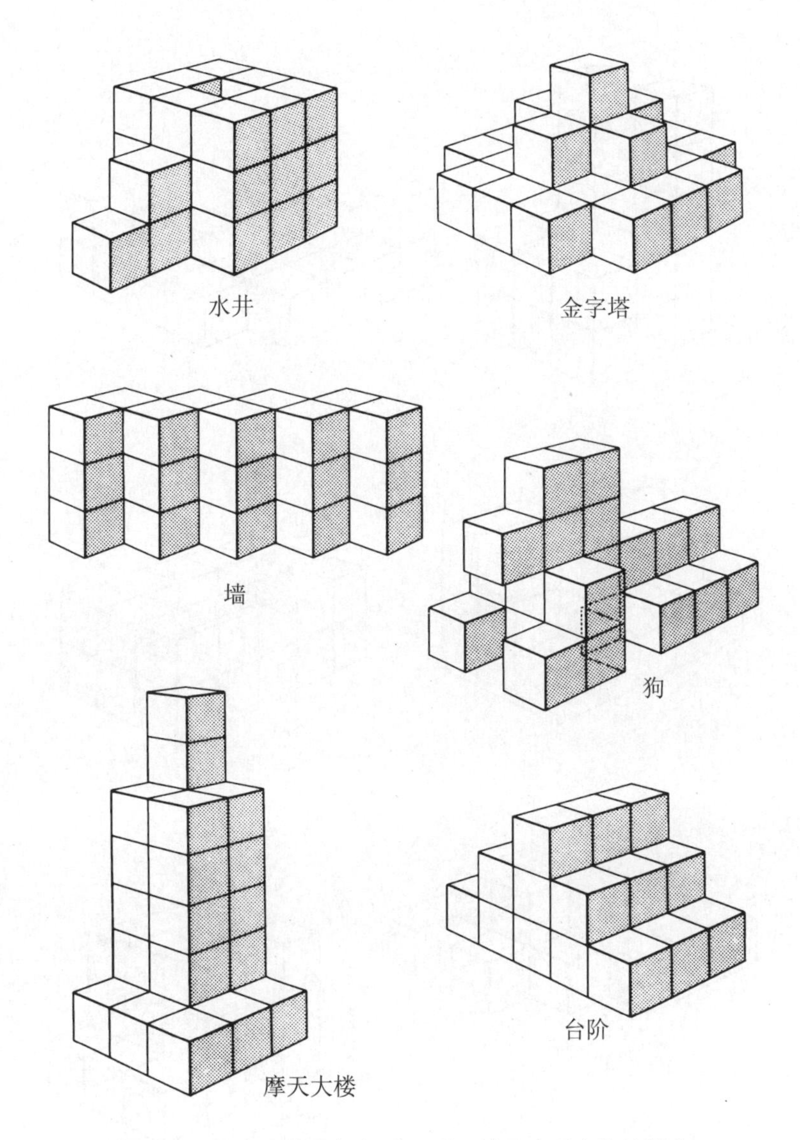

图6.3　这十二种图案中,有一种无法用索玛立方块拼出

（接上页）

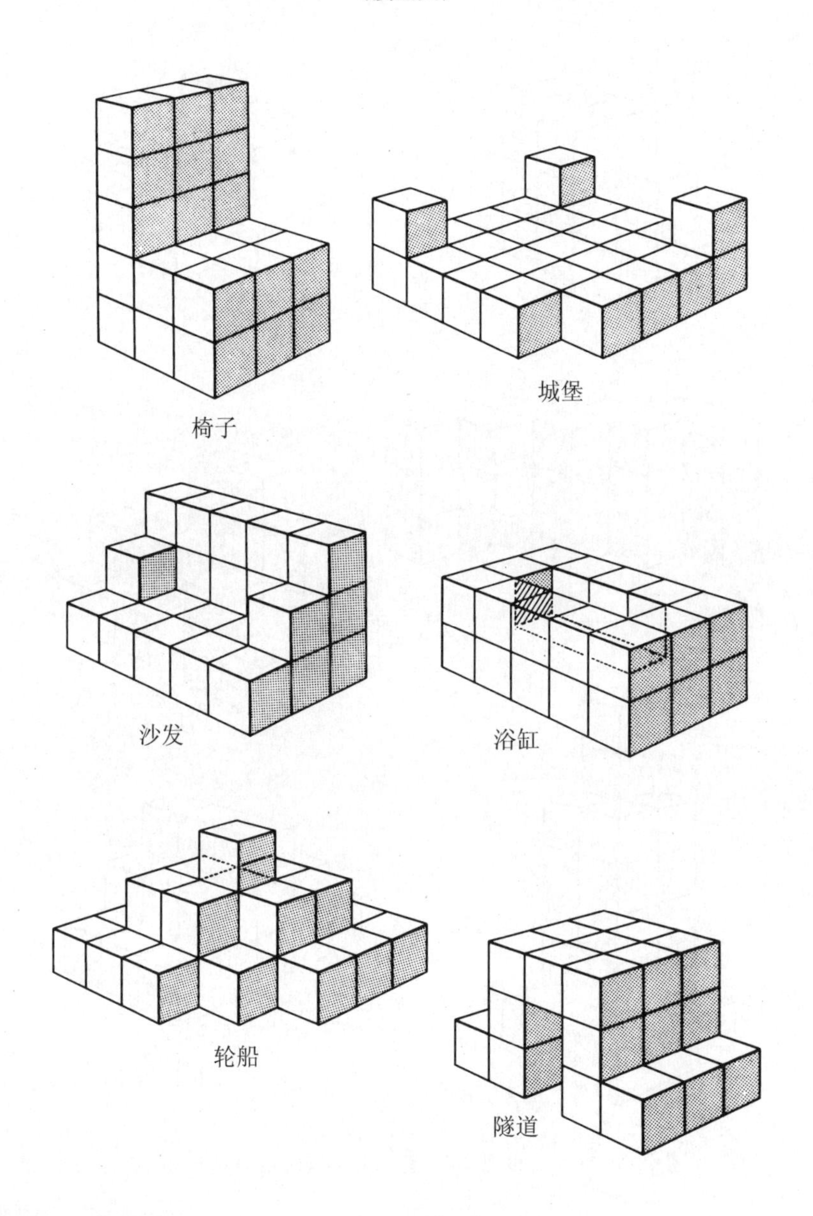

解,应该说明一下:金字塔和轮船的背面与正面完全相同;水井孔里和浴缸内的空间是三个立方块大小;摩天大楼的背面既无缺口也不向外突出;狗的后脑勺那一列有四个立方块,最下面那块被遮住了,所以看不见。

用这几个组件拼搭几天时间后,很多人会发现他们对索玛立方块的形状已了如指掌,不用动手就可以解出索玛立方块问题。欧洲心理学家所进行的测试表明,解索玛立方块问题的能力与普通智力大致上相关,可是在智商曲线的两端出现了奇怪的反常现象。有些天才人物的解索玛立方块能力极差,而有些低能儿却特别富有解索玛立方块所需要的空间想象力。参加测试的每个人在测试结束后都还余兴未尽,想接着再玩。

像二维的多方块牌一样,索玛立方块结构也有助于解决组合几何中引人入胜的定理和不可能性的证明。考虑一下图6.4中左边的那个图案,谁也无法把它拼出来。可直到最近才产生了其不可能性的正式证明。下面是加州理工学院喷气推进实验室的数学家戈隆布(Solomon W. Golomb)发现的巧妙证明。

首先,我们如右图所示俯视该结构,并把柱子像棋盘一样涂上色。除中心那个柱子有三个立方块外,其余的柱子高度均为两个立方块。这就得出共有8个白色立方块和19个黑色立方块,数字差距令人吃惊。

下一步是把这七个组件一一检查,并通过试验确定将其放在棋盘结构

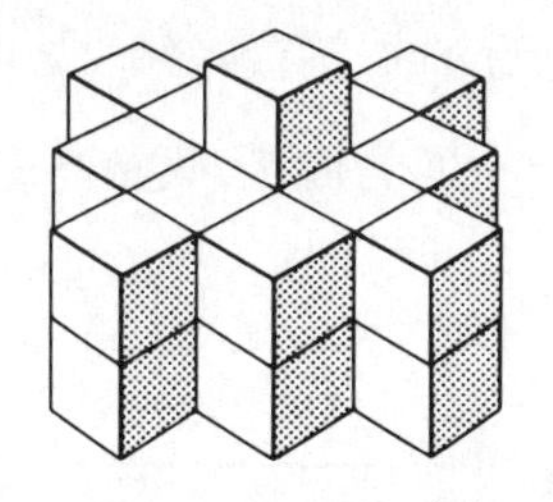

索玛立方块无法拼出的一种形状

标记该形状的一种方法

图6.4

上时黑色立方块的最大数目。下表显示了每个组件的最大黑色立方块数。你会发现,总数是黑18白9,与左图所要求的19比8差一个。如果把顶上那个黑色立方块移到任何一个白色柱子上面,黑白比就达到了所要求的18比9,这样的图形就可能拼得出了。

索玛立方块	最大黑色立方块数	最小白色立方块数
1号	2	1
2号	3	1
3号	3	1
4号	2	2
5号	3	1
6号	3	1
7号	2	2
	18	9

我得承认,图6.3中有一个结构是无法拼出的。可要让一般读者找出是哪个,需要好几天。其他图案的拼搭方法,本章答案中将不讲解(要拼出它们只是个时间问题),但我会指出无法拼出的那一个图案。

用这七个索玛立方块能够拼成的各种好玩的结构数目之多,恰如七巧板的七个小块能拼出的平面图形一样,是无穷的。有趣的是,如果把1号搁在一边,用剩余的六个能拼出与1号完全相似的形状,只是高度是它的两倍。

补　遗

我当初在专栏中写索玛立方块时曾认为,不会有多少读者会真的动手制作一套，可我确实估计错了。成千上万的读者寄来了新颖的索玛立方块结构图，很多人抱怨说，自从迷上了索玛立方块他们把全部业余时间都搭进去了。教师给学生讲课时准备了索玛立方块。心理学家将索玛立方块加到他们的心理测试中。索玛迷们探望住院的朋友时也要制作一套索玛立方块带上，有的人还把它当作圣诞礼物。有不少公司来信询问，想购买制造权。纽约州纽约市第五大街200号的宝石色公司(Gem Color Company)曾出售过一种木制品(这是经海恩授权的唯一一种)，它仍在玩具店和新奇物品商店销售。

从读者寄来的上百种新颖的索玛立方块图案中，我选出了十二种放在图6.5中。有些图案是不止一位读者发现的。这十二种图案全都能拼出来。

索玛立方块之所以能产生这么大的魔力，我认为部分原因是由于它只有七个组件，人们不会被难度吓倒。我能想到的所有其他不同套件都由更多的件数组成，而且我收到了许多介绍它们的读者来信。

西雅图市的卡察尼斯(Theodore Katsanis)在1957年12月23日(关于索玛立方块的文章发表前)的来信中提出，可以用由四个立方块构成的八个不同组件作为一套。这套组件中包含六种索玛立方块，以及一条由四个立方块构成的直链，外加一个2×2的正方形。卡察尼斯称其为"四立方体组合"(quadracubes)，后来有些读者建议用意思差不多的"tetracubes"来称呼它。这八个组件当然拼不成一个正方体，但能拼出一个2×4×4的矩形体，这是一个与2×2的正方形四立方块样式完全相似的模型，只是高度是其两倍。它们还可以拼出与其他七个组件相似的各个模型。卡察尼斯还发现，这八个组件可以分成两组各四个组件，并可分别组成2×2×4的矩形体。然后这两个立体就可以用不同方法拼起来，构成比原来大一倍的八个组件中六个的模型。

我在以前的专栏里(收录在《悖论与谬误》中)讲述过12种五联骨牌。那是用所有可能的方法把五个单位正方形连起来的平面图形。加利福尼亚大学伯克利分校一位数学教授的妻子鲁滨逊夫人(Mrs. R. M. Robinson)发现，只要给

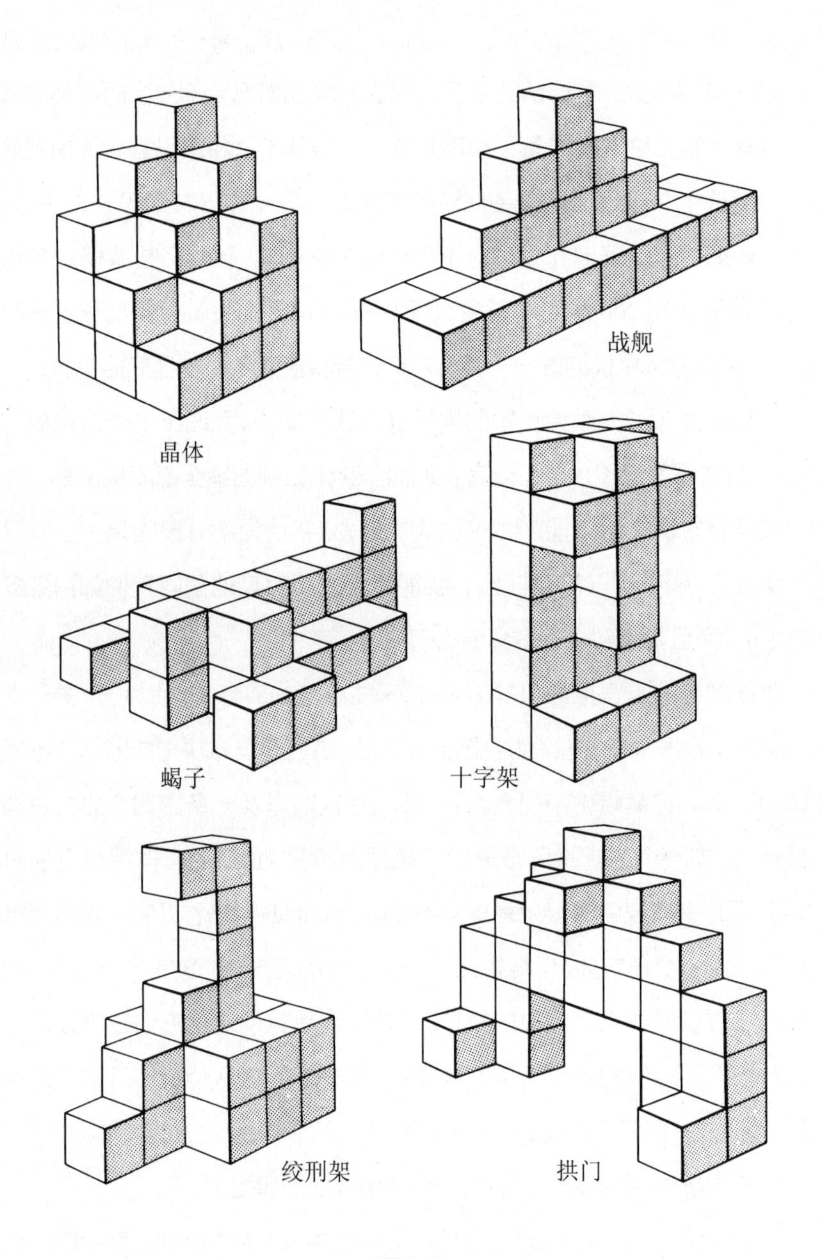

图6.5

（接上页）

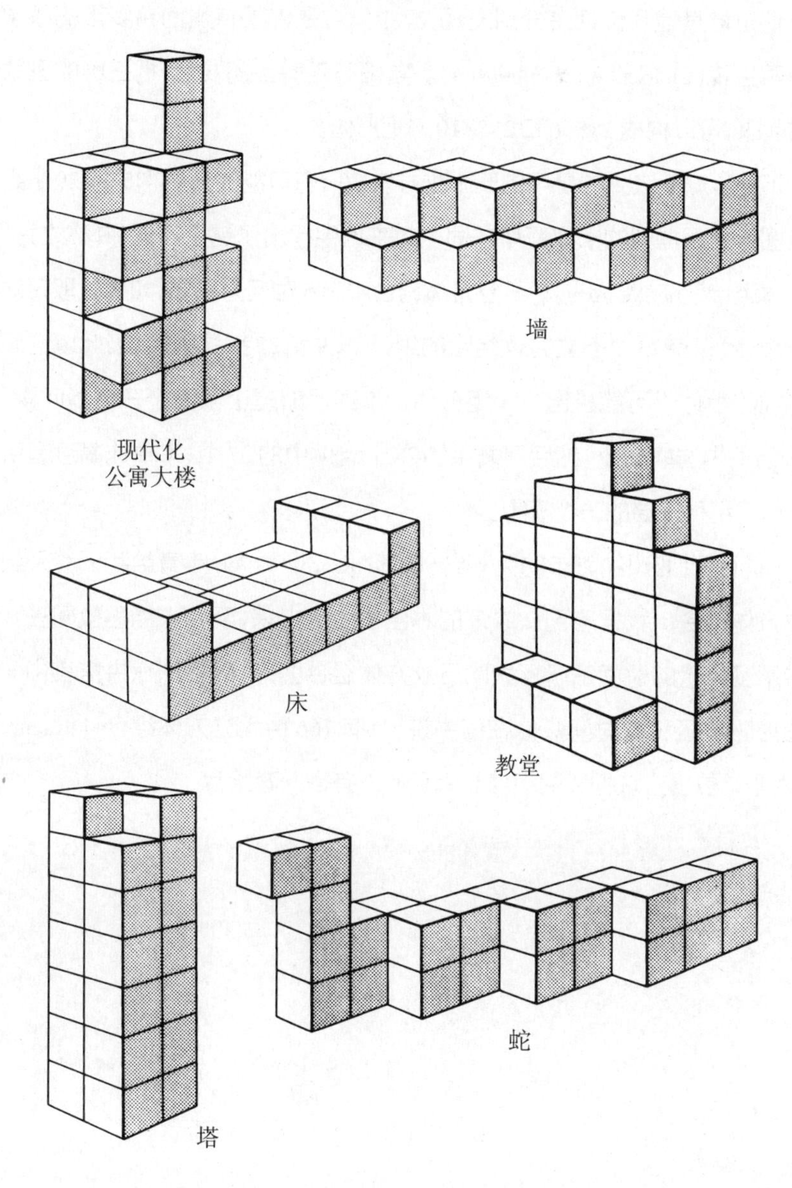

五联骨牌一个单位厚度的第三维，这12个组件就能拼出一个3×4×5的矩形体。这也被其他几位读者分别发现，其中一位是佛蒙特州南希罗市的医学博士斯蒂芬森(Charles W. Stephenson)。斯蒂芬森博士还发现，把三维的五联骨牌拼起来，可以构成2×5×6和2×3×10的矩形体。

下一步难度较大的是用由五个立方块按所有可能的方法构成的29个组件来拼图。上面提到的卡察尼斯在同一封来信中提出了这个问题，并称之为“五立方体组合”(pentacubes)。五立方体组合中有6对互为镜像，如果只取每对中的一个，就只有23个五立方体组合的组件。29和23都是素数，因此以这两个数构成的组件不可能拼出一个矩形体。卡察尼斯提出了一个三倍量问题：在29个组件中选取一个，然后用剩余的28个组件中的27个，来拼成高度是所选的那一个组件三倍的一个模型。

加利福尼亚州纳帕市的克莱纳(David Klarner)1960年寄给我一套别致的五立方体组合。我把它们从原装的木匣子里倒出来，至今未能再放回去。克莱纳用了大量的时间钻研怪异的五立方体组合图形，而我则在拼搭其中一部分图形时费了不少时间。他在信中说，共有166种六立方体组合(hexacubes)(由六个单位立方块构成的组件)，幸亏他**没有**寄一套给我。

答　　案

图6.3中用七个索玛立方块无法拼出的唯一结构是那个“摩天大楼”。

第 7 章

趣味拓扑

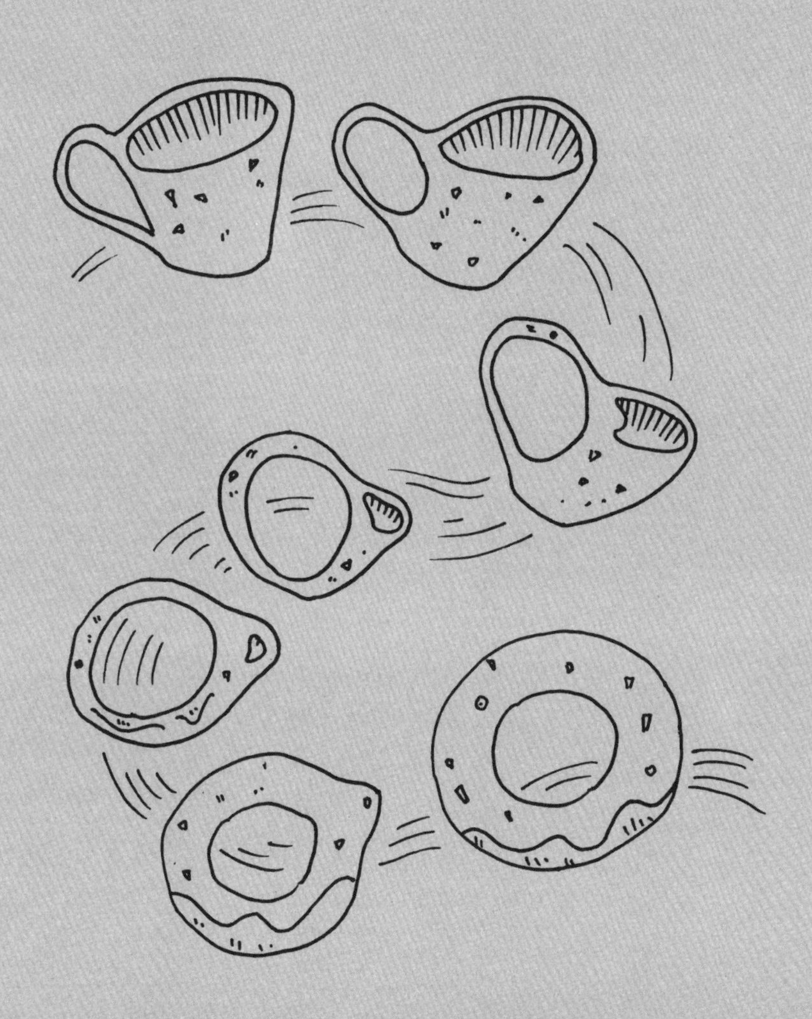

拓扑学家被认为是分不清咖啡杯和炸面饼圈的数学家。因为从理论上说，一个像咖啡杯的东西可以通过连续变形，变成一个像炸面饼圈的东西，这两个物体从拓扑学上讲是等价的。因此大致上可以说，拓扑学是研究在这种连续变形下始终不变的性质的学问。大量的数学游戏(包括魔术戏法、趣题和游戏)都与拓扑分析密切相关。拓扑学家们会认为这些不值一提，可对我们其他人来说，它们仍然很有趣。

几年前，辛辛那提的一位魔术师朱达(Stewart Judah)发明了一个不寻常的室内戏法。把一根鞋带牢牢地系在一支铅笔和一根吸管上。当把鞋带两端猛地一拉时，鞋带好像穿透了铅笔，并把吸管从中间切断。经征得朱达同意，这里我来揭开他的把戏。

先把吸管捏扁压平，把一端用橡皮筋系在未削开的铅笔一头(图7.1-1)。把吸管弯下来，叫一位观众双手握住铅笔，使铅笔上端与你成45°角。把鞋带的中段放在铅笔上(图7.1-2)，然后把两端绕到铅笔背面交叉(图7.1-3)。缠绕过程中，鞋带的一端，比如说a，在交叉时必须一直压住另一端，要不然，戏法就会失灵。

把鞋带的两端拉到铅笔正面打交叉(图7.1-4)。把吸管弯回原状，让它贴在铅笔上(图7.1-5)，并用另一根橡皮筋把吸管上端与铅笔上端扎起

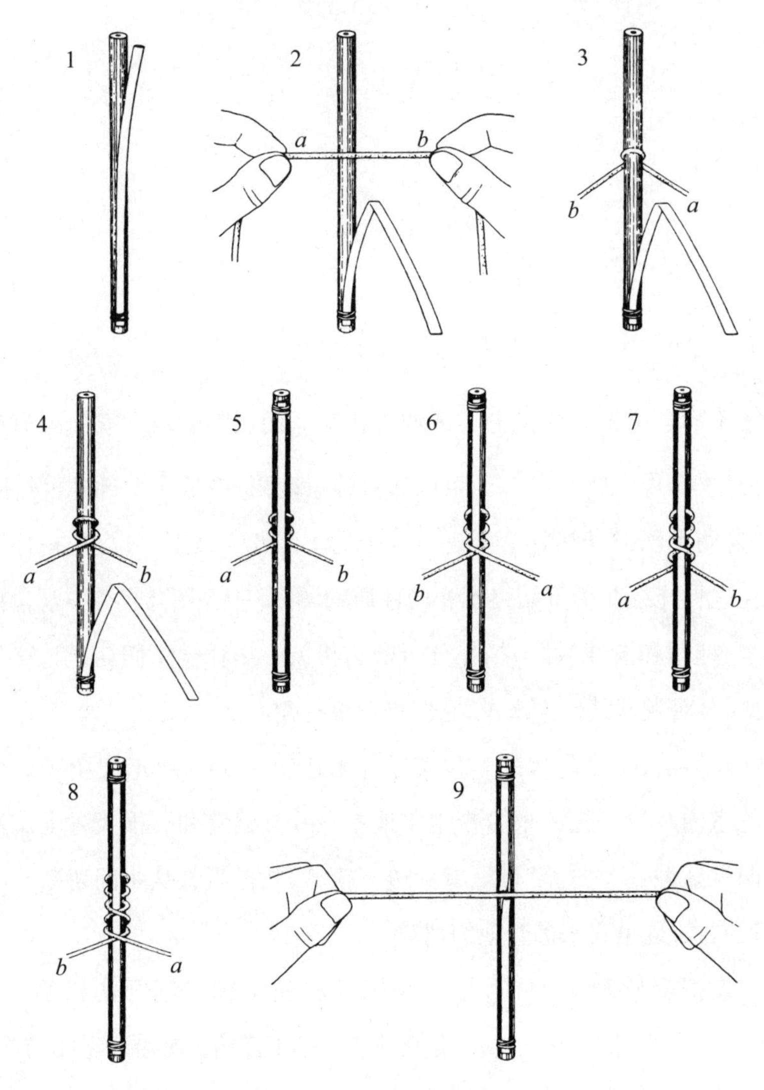

图7.1 朱达的穿透戏法

来。在吸管上面交叉鞋带(图7.1-6),记住b端要压在a端下面。把两端绕到铅笔背面再交叉一次(图7.1-7),然后又拉到正面来,做最后一次交叉(图7.1-8)。在示意图上,为了让缠绕过程清晰可见,鞋带是散开绕在铅笔上的。实际表演时，要把鞋带在铅笔中段附近紧紧绕在一起。

叫观众把铅笔握紧些，你抓住鞋带两端准备向外拉。数三下，然后猛地一拉，图7.1中最后一幅示意图显示了惊人的结局。鞋带拉直了，貌似穿透了铅笔，并切断了吸管。当然你要这样解释：吸管根本经不起这种神奇的穿透力。

仔细分析一下这个过程就会发现，道理原来很简单。由于鞋带的两端在铅笔上绕成一对镜像的螺旋线，表演者和鞋带形成的闭曲线与观众和铅笔形成的闭曲线并不扣在一起。鞋带拉断的是维持着这两条螺旋线的吸管；然后两条螺旋线互相抵消，正像物质的粒子遇到其反粒子一样消失得一干二净。

许多传统的趣题都运用了拓扑学原理。实际上，拓扑学的起源是1736年欧拉对柯尼斯堡[①](Königsberg)七桥问题所做的经典分析。该问题要求找到一条走过柯尼斯堡七座桥的路线，且任何一座桥只准走过一次。欧拉证明，从数学上讲，这与一笔画出一个封闭的网络且不重复经过网络的任何部分这个问题是完全一样的。这类路线追踪题经常出现在趣题书中。在动手解题之前，先要注意有多少个结点(线的端点)的引线数是偶数，有多少个是奇数。(“奇数”结点总是有偶数个；参见第5章第8题。)如果所有的结点都是“偶数”结点，该网络不管从哪里起步，都可以沿着一条“重返原处”的路径，在结束时回到原位。如果有两个结点是“奇数”结点，仍然能够一笔画出这个网络，但只能从一个“奇数”结点起步，到另一个“奇数”结点结束。只要这个问题有解，它就也可以用一条永不自交的线来解。如果“奇数”结点超过两个，该问题就无解。很清楚，这种结点必须是线的端点，

① 现加里宁格勒，俄罗斯港口城市。原属东普鲁士，1945年根据波茨坦会议的协定划归苏联。——译者注

而每根连续不断的线要么有两个端点,要么就没有端点。

只要记住这些欧拉规则,此类的趣题就容易解决了。但是,这类趣题只要稍加修改,往往会成为极难的难题。例如,考虑图7.2中的网络。所有的结点都是"偶数"结点,因此我们知道,它可以沿着一条重返原处的路径走一遍。而在这道题目中,我们允许在网络的任何部分随意重复走,也允许从任意一点起步,并在另一点结束。问题是,以一条连续不断的线路走遍这个网络时,拐弯的最少次数是多少?停止和回头当然也计入拐弯次数。

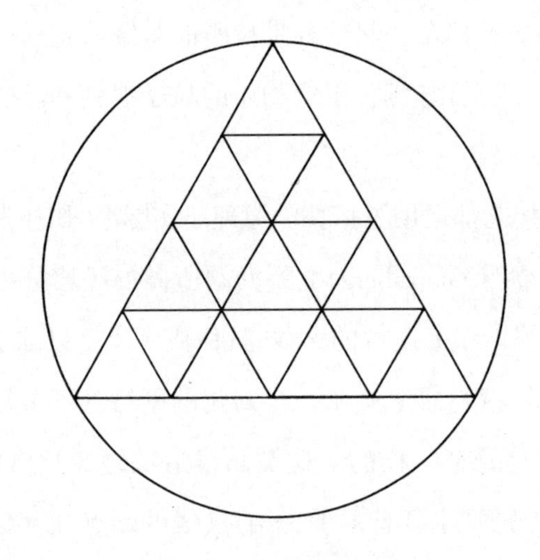

图7.2 网络觅路趣题

用绳子和圆环设计的器具型趣题常常与拓扑结理论有紧密联系。依我看,这类趣题中最妙的要属图7.3所画的这一种。制作方法很简单,只要用到一块硬纸板,一根绳子和一个比纸板中央那个孔稍大的圆环。纸板愈大、绳子愈粗,这个趣题演示起来就愈容易。问题很简单:要求不剪开绳子,也不打开两端的结,把圆环从绳圈A移到绳圈B上去。

这个趣题在很多旧趣题书中介绍过,可是一般都没有这个图要求的那样严密。旧趣题书中介绍的都不是像本图一样把绳子的两端系在板上,而是把绳子两端各从一个孔中穿过，在绳头上打个结以使其不脱掉就算完事。这样，就会出现一种粗糙解法：把绳圈X从两个末端的孔中分别拉过去，并绕过绳头结。尽管在我们的这个趣题里，绳子两端系死在板上，但是仍然可解，并且一下子就可完成。绳子的两端对解本题毫无影响。有趣的是，如果绳圈X一上一下地串在两根绳子上（如图7.3右上），该题就无法解了。

在众多的数学游戏里，有着有趣的拓扑学特色的要算著名的东方游戏"围棋"和大家所熟悉的儿童游戏"点与方格"。点与方格这个游戏是在一

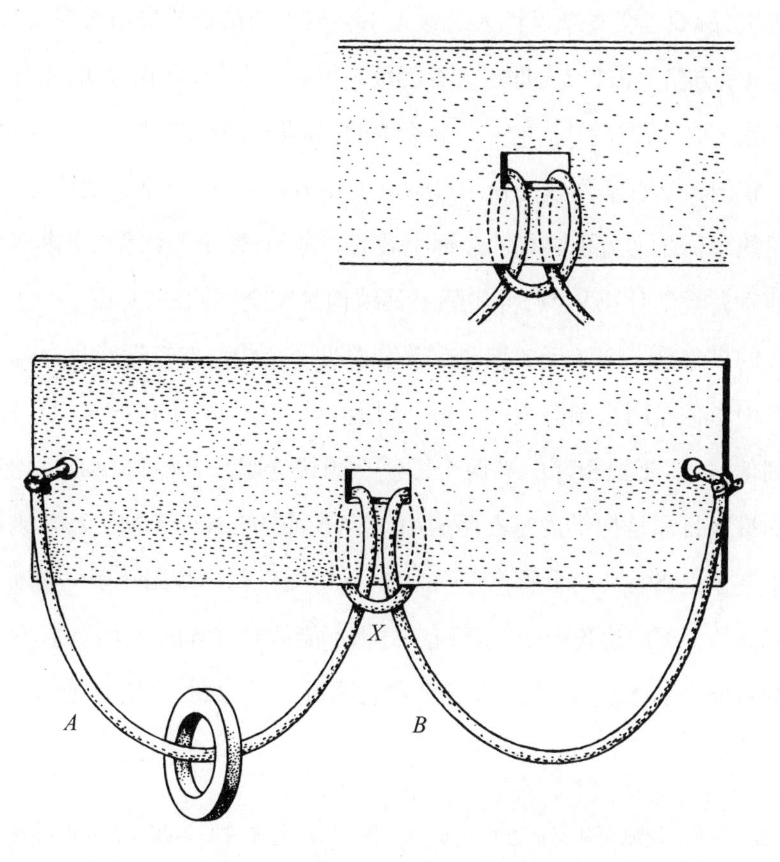

图7.3　圆环能移到绳圈B上去吗？

个矩形的点阵上进行的。参与的双方交替在相邻两点间画出横线或竖线，把它们连起来。当某一条连线把一个或多个单位正方形(方格)画完整时，完成的一方就用他的名字首字母在上面作个记号。当把所有点连完后，完成方格最多的一方就是胜者。对手法熟练的人来说，这个游戏是非常有意思的，因为有很多机会可以使用开局让棋法。这样做会让给对手一些方格，而目的是在后面赢得数量更多的方格。

尽管点与方格的游戏像画“连城”游戏[①]一样普遍，但是还没有一个关于它的完整的数学分析发表过。实际上，即使在一个只有16个点的正方形点阵上，游戏也会复杂得惊人。这是不会以平局结束的最小游戏规模，因为有9个方格要占，所以肯定会有胜负。可时至今日，据我所知，先开局的一方怎么取胜，或后开局的一方怎么取胜，都没有固定的对策。

布朗大学数学副教授盖尔(David Gale)设计了一个别致的连点游戏，这里恕我称之为盖尔游戏。表面上看起来这与《悖论与谬误》中讲解过的拓扑学游戏纳什棋相似，可实际上其结构是完全不同的(见图7.4)。盖尔游戏的棋盘是一个矩形的黑色点阵套着另一个相似的矩形彩色点阵。(示意图中彩色点用小圆圈表示，彩色线用虚线表示。)甲方用的是黑色铅笔，轮到他时，他要把相邻的某两个黑色点画线连起来，既可横画也可竖画。他的最终目标是把棋盘左右两边用一条不间断的线连起来。乙方则用彩色铅笔在相邻的某两个彩色点间画线，他的最终目标是用一条不间断的线把棋盘的上下两边连起来。任何一方都不能从对方画的线上越过，双方每次都只能画一条线段，先接通其两边者为胜。示意图上，用彩色铅笔的一方获胜了。

① 即两人轮流在井字形方格内画“X”和“O”，以先连成一条线者为胜的游戏。——译者注

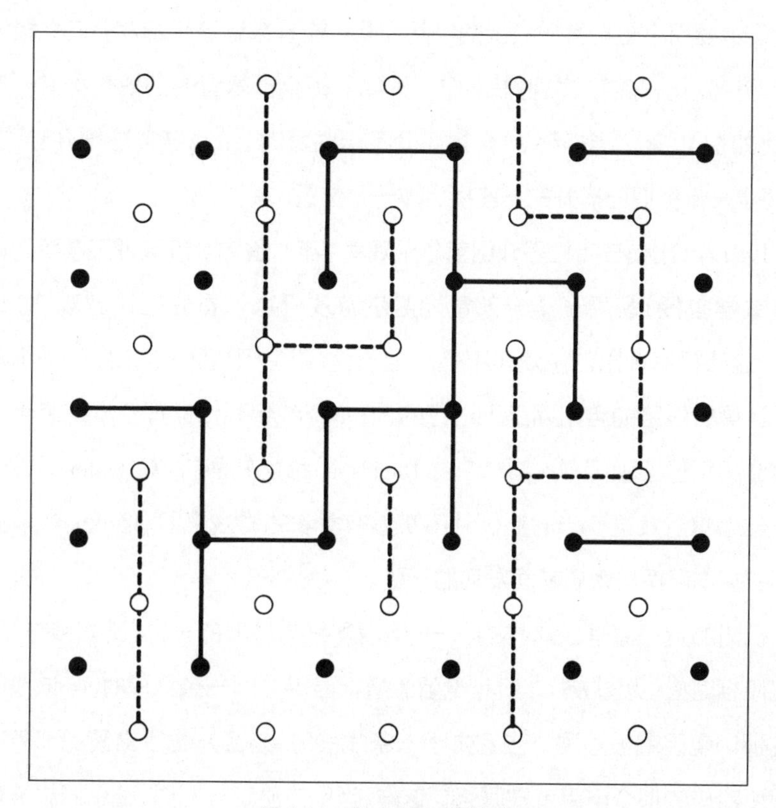

图7.4　盖尔的拓扑游戏

盖尔游戏的规模可大可小。比本图规模小时,除对于新手外,会因为分析起来太简单而没有任何趣味。可以证明,不管规模是多大,先开局的一方总有取胜策略;这个证明与纳什棋游戏中先开局的一方占优势的证明相吻合。不幸的是,这两种证明都没有给出任何实战中的取胜战术的提示。

补　遗

1960年,罗得岛州森特勒尔福尔斯的哈森费尔德兄弟公司用“搭桥”(Bridg-it)的商标名出售与本图所示完全一样的盖尔游戏板。板上的点是凸起的,游戏过程中要用小塑料桥把板上的某两个凸点连起来。这个游戏会产生极为有趣的多种变化,在游戏说明书上作了解释。每个参赛者的搭桥数量有一定限制,比如说10座。当搭够20座桥还分不出胜负时,游戏继续进行,但从这时起,每走一步就把已搭好的一座桥另放一个位置。

1951年(比我在专栏里介绍盖尔游戏早7年),香农[1](麻省理工学院通讯科学和数学教授)装配了第一部智能盖尔游戏机器。香农把该游戏称为"鸟笼"。这部机器玩出的游戏虽不是十全十美,却也相当漂亮,它是在一个模拟简单计算机线路的电阻网络上进行的。1958年,伊利诺斯理工学院装甲研究基金会的两位工程师戴维森(W. A. Davidson)和拉弗蒂(V. C. Lafferty)设计了另一部盖尔游戏机。当时他俩并不知道有香农的游戏机器,但他们的设计所运用的基本原理与香农前面发现的一致。

机器的运行原理是这样的:一个电阻网络与参赛的一方(比如甲方)要画的线段相对应(见图7.5)。所有电阻等值。当甲方画一条线段时,与该线段对应的那个电阻就被短路。当乙方画一条线段时,与乙方线段**交叉**的那条甲方线段所对应的那个电阻就被开路。这样,当甲方胜这一局时,整个网络被短路(即电阻降到零),而当乙方胜这一局时,电流被完全切断(即电阻无穷大)。该机器的战术就是使最大电压出现处的电阻短路或者开路。如果两个或两个以上电阻处有相同的最大电压,就随便取一个。

实际上,香农在1951年装配过两部"鸟笼"机器。在他的第一部模型机里,电阻是小灯泡,通过观察哪个灯泡最亮来确定机器走哪一步。由于经常很难断定几个灯泡中哪一个最亮,香农又装配了第二部模型机。他用霓红灯代替灯泡,并且在设计线路时,让网络上只有一个灯能被点亮。当一个灯被点亮

① 香农(Claude Elwood Shannon,1916—2001),美国应用数学家,信息论的奠基人。——译者注

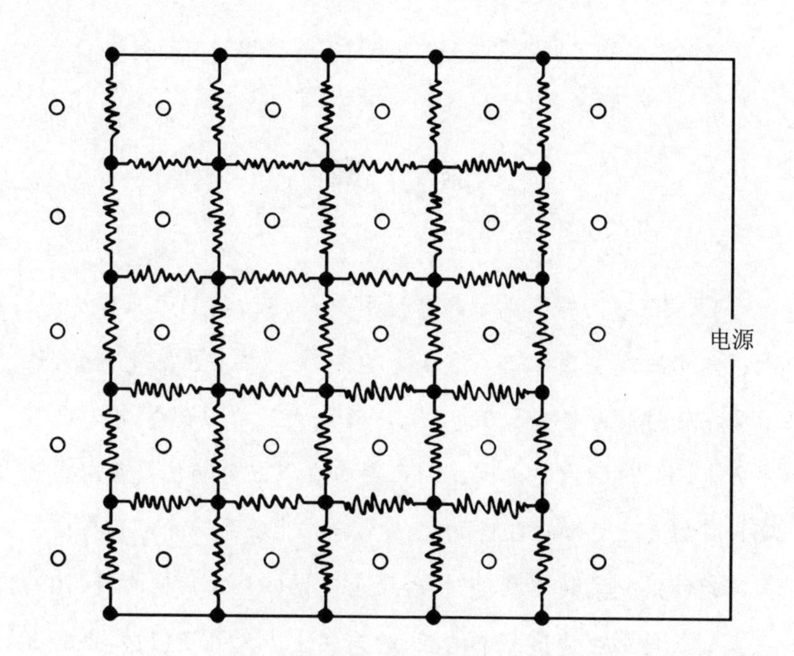

图7.5　智能盖尔游戏机器电阻网

时，封闭线路会将其他灯全部关掉。每一步的走动都是用游戏开始时安装在中间位置上的开关进行的。一方以接通开关走，而另一方以切断开关走。

据香农的记述，(在人机对峙时)若机器先开局走，几乎总能获胜。在几百个回合中，机器在开局先走的情况下只输过两次，也许是线路故障或游戏过程出了问题。如果人开局先走，要战胜机器并不困难，但若出现严重失误，那机器就会获胜。

答　案

图7.2中的网络觅路趣题可用少到13次的拐弯来解决。从大三角形底边左数第二个结点处起步。一直往右上方走到底，然后向左转(1)，再向右下方走(2)，一直到大三角形底边，接着向右上方走(3)，然后左转走到底(4)，再向右下方走(5)，接着向右转(6)，直到大三角形的右底角，然后转向左上方到顶角(7)，再向左下方走(8)，一直到左底角，接着画个整圆(9)，然后向右转(10)，一直到三角形底边第三个结点，转向左上方走到底(11)，再向右走到底(12)，最后转向左下方(13)，一直走到底边。

绳子与圆环趣题的解法如下。把中间那个绳圈X拉大放松，把圆环从里面向上塞过去。一只手把圆环靠压在板正面，另一只手抓住中间绳圈，把它从后面穿过中心孔里引出来。把引出的双线朝你自己的方向拉，就能拉出左右两个圆圈，把圆环从这两个圈里塞过去。现在把手伸到板背面，把双圈从孔里拉过去，让绳子恢复成起始的形状。最后只需把圆环从中间那个绳圈X里滑下去，这个趣题就解决了。

第 8 章

ϕ:黄金分割比

圆周率π是所有无理数(即无限不循环小数)中最有名的一个,它表示圆的周长与直径之比。φ这个无理数可没有那么有名,但它表示的是几乎与π同样普遍存在的一个基本比率。同样有趣的是,这个比率也总是在人们最意想不到的地方出现。(例如,参见第13章关于圆点游戏的讨论。)

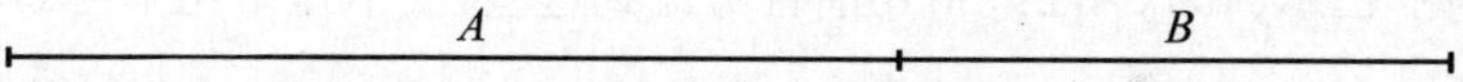

A B

图8.1 黄金分割比:A比B等于$A+B$比A

看一眼图8.1中的线段就会清楚φ的几何意义。这条线段是用通常称为"黄金分割比"的比例来分段的。整条线段与线段A的长度比正好是线段A与线段B的长度比。这两个比都是φ。如果B的长度是1,我们就能用下面的方程方便地计算出φ的值:

$$\frac{A+1}{A}=\frac{A}{1}。$$

这可写成一个简单的二次方程$A^2-A-1=0$,其中A是正值的解:

$\frac{1+\sqrt{5}}{2}$。

这就是A的长度,也是φ的值,其小数展开是1.618 033 98…。如果把A的长度取作1，B就是ϕ的倒数$\left(\frac{1}{\phi}\right)$。离奇的是，其值等于0.618 033 98…。$\phi$是唯一的减去1后等于自己倒数的正数。

像π一样，ϕ可以用很多种方法来表示成无穷数列的和。下面两例极其清楚地显示了ϕ的基本性质：

$$\phi=1+\cfrac{1}{1+\cfrac{1}{1+\cfrac{1}{1+\cfrac{1}{1+\cdots}}}},$$

$$\phi=\sqrt{1+\sqrt{1+\sqrt{1+\sqrt{1+\cdots}}}}。$$

古希腊人熟悉黄金分割比；毫无疑问，一些希腊建筑师和雕塑家都曾有意使用过这个比率，尤其是在帕台农神庙①的结构中用到了它。美国数学家马克·巴尔（Mark Barr）50年前曾考虑到这些，故给这个比率起名叫做ϕ(Phi)。这是伟大的菲迪亚斯②名字中的第一个希腊字母，人们认为他经常在雕塑中采用黄金分割比。也许毕达哥拉斯兄弟会选定五角星形作为他们会社的象征符号的原因之一就是，该图形中的每个小段与其相邻的最小段成黄金分割比。

很多中世纪和文艺复兴时期的数学家，尤其是像开普勒（Kepler）那种十足的神秘主义者，对ϕ的兴趣几乎达到了着魔的程度。考克斯特（H.S.M. Coxeter）在其精辟论述黄金分割比一文（参见本章参考书目）的开头是这样援引开普勒的话的："几何学有两大财富：一个是毕达哥拉斯定理，另一个是线条分割的中末比。我们可以把前者比做金子，把后者称做价值连

① 供奉雅典娜女神的主神庙，在希腊雅典卫城。始建于公元前447年，由菲迪亚斯的雕塑装饰。——译者注

② 菲迪亚斯（Phidias，前500?—前431?），希腊雕塑家。——译者注

城的宝石。”文艺复兴时期的作家把这种比例称为“神奇的比例”,或按欧几里得的叫法称为“中末比”。“黄金分割”这个术语直到19世纪才开始被采用。

1509年由帕乔利(Luca Pacioli)撰写,达芬奇(Leonardo da Vinci)作插图的题为《神奇的比例》(*De Divina Proportione*)的专著(1956年有一部该书的精装本出版于米兰)是对各种平面和立体图中显露的ϕ所作的迷人的概述。例如,它是圆半径与其内接正十边形的边长之比。如果把三个黄金矩形(边长符合黄金分割比的矩形)对称地互相交叉,使每个矩形与另外两个垂直,这三个矩形的各个角所指的不但是正二十面体的十二个顶角,而且是正十二面体各个面的中心(见图8.2和图8.3)。

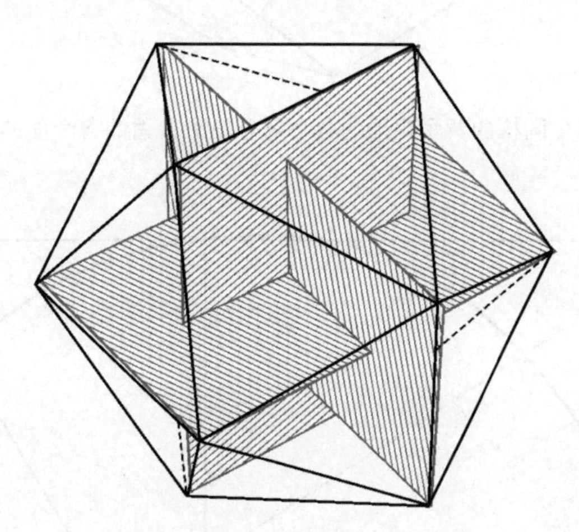

图8.2　三个黄金矩形的各个角正好与正二十面体的顶角吻合

黄金矩形具有很多不寻常的特点。如果从一端截去一个正方形,剩余部分将是个小一点的黄金矩形。我们可以一直这样截下去,每截掉一个正方形,就剩下一个更小的黄金矩形,如图8.4。(这是无穷大阶完美方化矩形的一个例子,参见第17章。)标记着各条边的黄金分割比位置的一个个点相继分布在向内无限盘绕的对数螺线上,其极点是用虚线表示的那两条对角

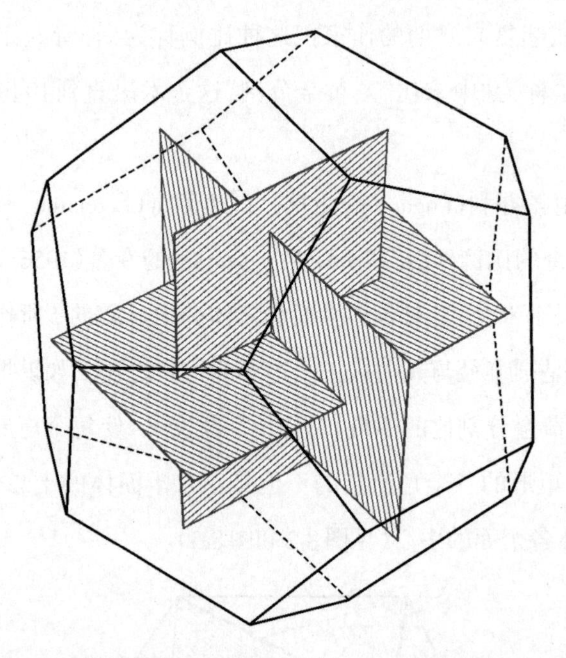

图8.3 三个同样的黄金矩形的各个角与正十二面体各个面的中心吻合

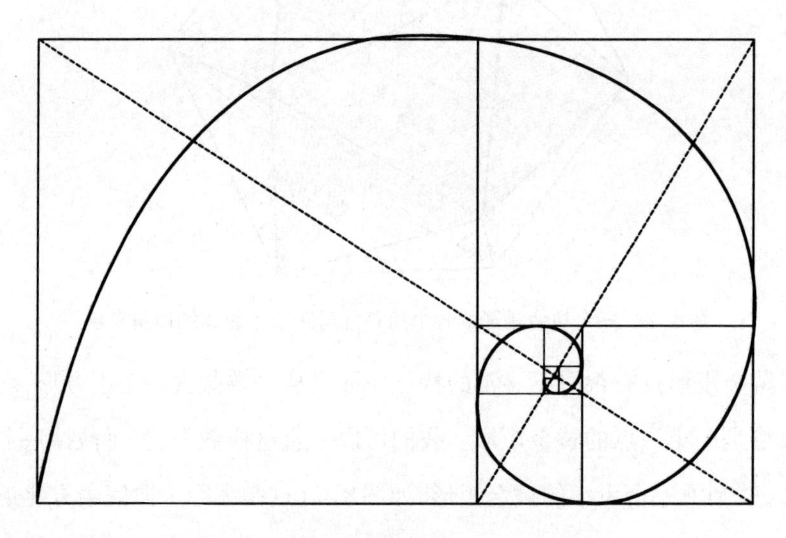

图8.4 由“涡旋正方形”表示的对数螺线

线的交点。当然这些“涡旋正方形”(如其所称)也可以向外无限旋转,从而画出一个个更大的正方形。

在很多其他涉及ϕ的结构中,也能找出这种对数螺线。有一种巧妙的结构是腰与底成黄金分割比的等腰三角形(见图8.5)。两个底角均为72度,是顶角36度的两倍。这是五角星形结构中采用的黄金三角形。如果把

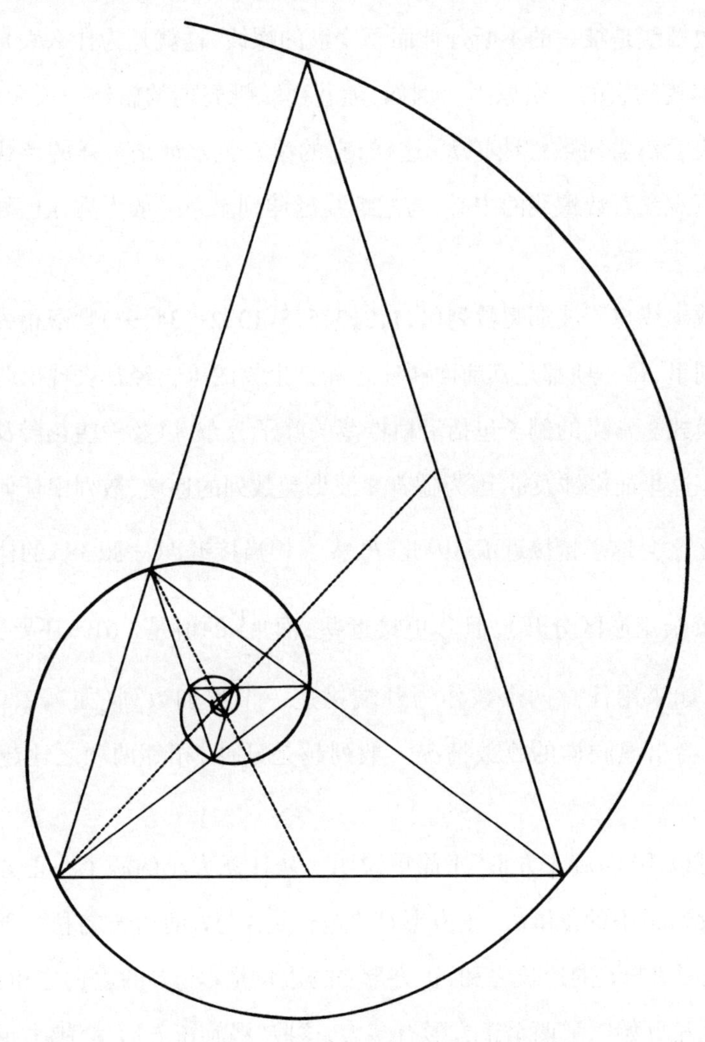

图8.5　由“涡旋三角形”表示的对数螺线

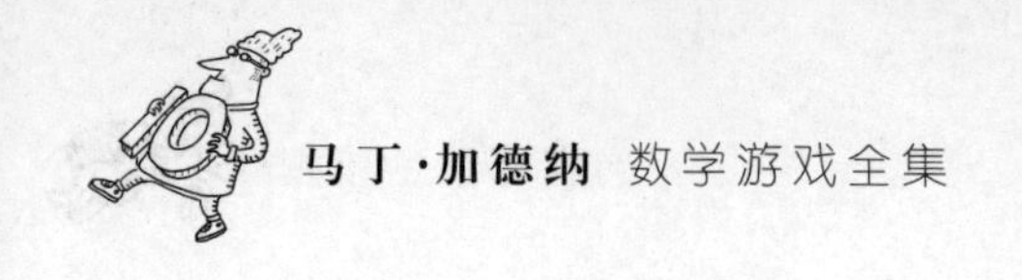

一个底角二等分，角平分线就把对边裁成黄金分割比，形成两个较小的黄金三角形，其中一个与原三角形相似。这个三角形又可以平分底角，不断继续这一过程即可得到一系列“涡旋三角形”。像“涡旋正方形”一样，从它们中间也能找出一条对数螺线。这条螺线的极点在用虚线表示的两条中线的交点上。

对数螺线是唯一的不断延伸而不变形的螺线，这就是为什么大自然里经常能够找到它的一个原因。例如，随着鹦鹉螺壳内的软体一天天长大，它的外壳会沿着对数螺线扩大，这样，它的巢穴就永远是一样的形状。在显微镜下观察对数螺线的中心，与把螺线延伸到星系一般大后在远处看到的形象完全一致。

对数螺线与斐波那契数列（1，1，2，3，5，8，13，21，34，…）紧密相关。在这个数列里，每一项都是其前面两项之和。生物的生长经常表现出斐波那契数列模式。常见的例子包括沿植株茎的叶子分布，以及一些花瓣及种子的排列。这里面也涉及ϕ，因为随着斐波那契数列的递增，数列中任何相邻的两项之比会越来越接近ϕ。因此，虽然$\frac{5}{3}$相当接近ϕ（一张3×5的档案卡很难与黄金矩形区分开），但$\frac{8}{5}$更接近些，而$\frac{21}{13}$的值是1.619，还要接近。实际上，如果用任意两个数作为开端构造一个累加数列（如7，2，9，11，20，…），会出现同样的收敛情况。数列越是延伸，相邻两项之比越是接近ϕ。

这可以用“涡旋正方形”来简单说明。从任意大小的两个小正方形开始，比如图8.6中的A和B。正方形C的边长是A与B的边长之和。正方形D的边长是B与C的边长之和，正方形E的边长是C与D的边长之和，依此类推。无论开始时那两个正方形有多大，这些“涡旋正方形”会越来越接近于构成一个黄金矩形。

有个经典的几何悖论可以明确地显示出斐波那契数列与ϕ的联系。如果把一个含64个单位正方形的大正方形切开(见图8.7),图中的四个小

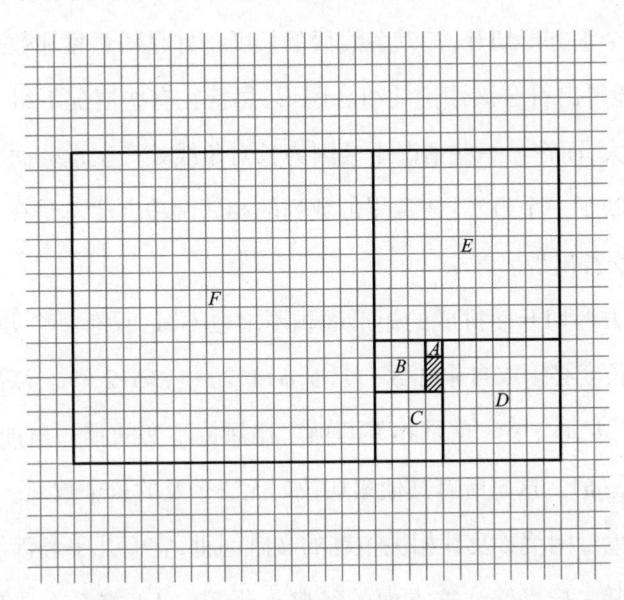

图8.6　这些正方形显示了任意累加数列中相邻两项之比收敛于ϕ

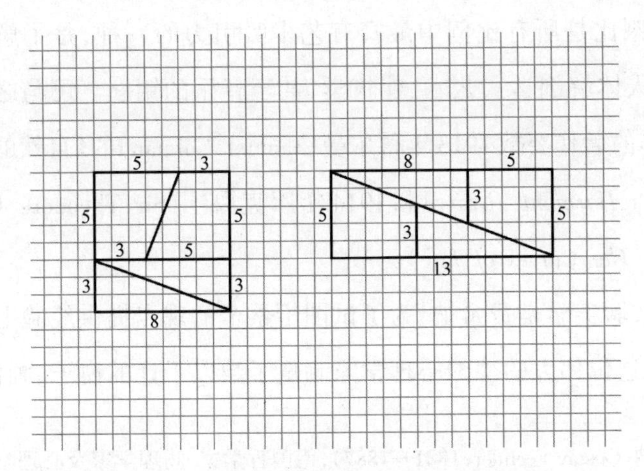

图8.7　基于任意累加数列特点的悖论

块可以重新组合，拼出一个含65个单位正方形的矩形。其原理是几个小块在长对角线处并不完全吻合，这里的小缝隙面积刚好等于一个单位正方形。注意，该图中各线段的长度恰好是斐波那契数列中的项。事实上，我们可以把某个正方形切开，使其各线段的长度正好是任意累加数列的相邻项，并总是能得出符合该悖论的组合图形，尽管在有些情况下组合成的矩形面积会增大，而在另一些情况下会因为长对角线处产生重叠而使面积缩小。这就反映了一个事实：任意累加数列的相邻两项之比总是在大于ϕ或小于ϕ之间交替出现。

要把正方形切开使拼成的矩形面积不增也不减，只有一个办法，就是切成的线段长度必须取自累加数列1，ϕ，$\phi+1$，$2\phi+1$，$3\phi+2$，…。该数列也可写成1，ϕ，ϕ^2，ϕ^3，ϕ^4，…。这是相邻两项之比保持不变的唯一累加数列(其比值当然就是ϕ)。这是所有其他累加数列无法企及的黄金数列。

近来有大量围绕ϕ及其相关主题的文献问世，它们几乎和涉及π的化圆为方的文献一样怪僻。这方面的经典是蔡辛(Adolf Zeising)在1884年出版的457页的德语著作《黄金分割比》(*Der goldene Schnitt*)。蔡辛认为，黄金分割比是所有比例中最富有艺术吸引力的一种，是了解一切形态学(包括人体解剖学)、艺术、建筑学，甚至音乐的钥匙。可与之媲美但不如它怪僻的著作要数1913年科尔曼(Samuel Colman)的《自然的和谐统一》(*Nature's Harmonic Unity*)和1914年库克爵士(Sir Theodore Cook)的《生物曲线》(*The Curves of Life*)。

据说，实验美学是费希纳[①]为了试图给蔡辛的观点提供经验上的支持而产生的。这位伟大的德国心理学家测量了数以千计的窗子、画框、扑克

① 费希纳(Gustav Fechner，1801—1887)，德国哲学家、物理学家及心理学家，实验美学的创始人。——译者注

牌、书本及其他矩形，并检测了墓地十字架的分隔点位置。他发现它们的平均比例接近ϕ。他还设计了很多巧妙的试验，让参加测试的人从一组矩形中选出最好看的一个，让他们画出最好看的矩形，以及把十字架的横杆放在他们认为最合适的位置等等。同样，他发现人们选中的最佳位置的比例都接近ϕ。但他这些创举性的试验很粗糙，直到近些时候用相似线进行的研究才得出一个模糊的结论：大多数人喜欢这样的矩形——介于正方形与长是宽的2倍的矩形之间的那种。

美国人汉比奇(Jay Hambidge，卒于1924年)写了很多书捍卫他的"动态对称"论，这是几何学(主要是ϕ)在艺术、建筑学、家具设计，甚至字体上的一种运用。今天很少有人把他的成果当回事，不过间或会有某个著名的画家或建筑师在某个方面刻意采用黄金分割比。例如，贝洛斯[①]在设计构图时有时会采用黄金分割比。达利[②]的《最后的晚餐》(*The Sacrament of the Last Supper*，藏于华盛顿特区美国国家美术馆，见图8.8)就是画在一个黄金矩形上的，在给人物定位时还采用了另一些黄金矩形。桌面上浮现的是一个巨大的十二面体的一部分。

纽约的隆克(Frank A. Lonc)曾在ϕ上下了一番工夫。他的小册子以前可以在塞耶(Tiffany Thayer)的福庭社[③]买到，其中还宣传了一种含有ϕ的德国计算尺。(福庭社在1959年塞耶死后解散了。)隆克是这样证实蔡辛的一个得意理论的。他测量了65位妇女的身高，把身高与她们的脐高相

① 贝洛斯(George Bellows，1882—1925)，美国画家和平版印刷专家。——译者注

② 达利(Salvador Dali，1904—1989)，西班牙超现实主义画家。——译者注

③ 福庭社(Fortean Society)专门研究所谓的福庭现象(Fortean Phenomena)，就是指一些奇怪的现象，尤其是传统科学无法解释的现象，超能力现象等。其中的Fortean一词来源于美国知名心灵研究专家兼作家福特(Charles Fort)。——译者注

图8.8 达利《最后的晚餐》,华盛顿特区美国国家美术馆,切斯特·戴尔[①]收藏

比,发现平均比率是1.618+。他把这称为"隆克相对常数"。"不符合这个比例的人,"他写道,"经证实小时候髋部受过伤,或由于事故而畸形。"他认为,π的小数扩展并不是人们普遍认为的3.14159…。他把ϕ先平方一次,再把得数乘以6,然后除以5,从而"更精确"地算得π是3.141 640 786 446 205 50。

结束这一章前,我再给出一道与ϕ有关的趣题,其图案与戴高乐[②]设立的那个双梁十字架形勋章[③]类似(见图8.9)。我的这个十字架由13个单位正方形构成。经过A点画条直线,使阴影部分的总面积与直线另一边的总面积相等。如果把线画在精确的位置上,BC的长度到底是多少?(示意图中的斜线画得并不准确,为的是不给你提示线的正确位置。)

① 切斯特·戴尔(Chester Dale,1883—1962),美国著名收藏家。——译者注

② 戴高乐(Charles de Gaulle,1890—1970),法国政治家、军事家。1958—1969年任法国总统。——译者注

③ 指法国解放勋章(Ordre de la Libération)。——译者注

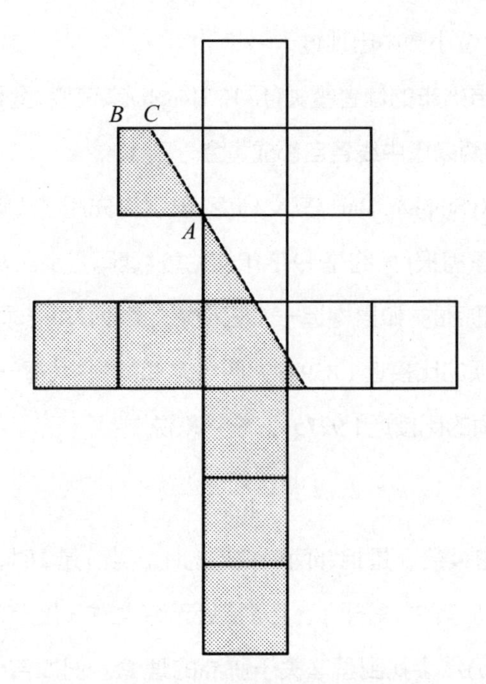

图8.9　线段BC有多长?

补　遗

针对关于ϕ的这篇文章,我已收到了大量资料翔实的信件。有好几位读者指出,大多数数学书籍和期刊中,黄金分割比的符号是τ而不是ϕ。这一点也不错。可是这方面的很多离奇的书中用的都是ϕ,而且在趣味数学作品中它正成为被用得越来越多的符号。例如,最近由美国数学教师委员会出版的书目类著作《趣味数学》(*Recreational Mathematics*)一书中,作者沙夫(William Schaaf)在讲述黄金分割比一节的引言里用的就是符号ϕ。

加利福尼亚州帕洛阿尔托市菲尔科公司的约翰逊(David Johnson)用他们公司的TRANSAC-2000型计算机把ϕ算到小数点后第2878位。计算机干这件事只用了不到4分钟。我可以报告给术数家的是,177 111 777这个奇怪的

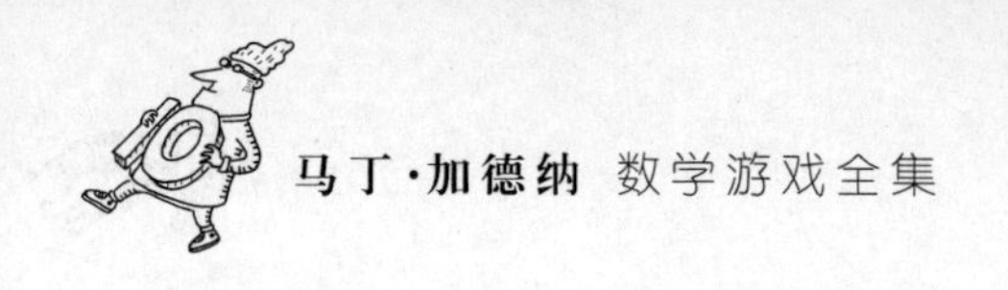

序列在ϕ的前500位小数中出现过。

阿拉斯加州诺姆市的读者霍夫(L. E. Hough)来信说,图8.4中的两条虚对角线与图8.5中的两条虚中线各自都成黄金分割比。

斯蒂芬·巴尔(Stephen Barr,其父马克·巴尔首先用了ϕ这个名字)寄给我一份他父亲的文章剪报(大约是1913年的伦敦《速写》(*Sketch*)杂志)。文中对ϕ的概念是这么概括的:如果构造一个三级累加数列(每一项都是其前面三项之和),其相邻两项的比接近1.8395+。四级累加数列中(每一项都是其前面四项之和),相邻两项的比接近1.9275+。总的来说:

$$n=\frac{\ln\ (2-x)^{-1}}{\ln x},$$

公式中n是数列的级数,x是相邻两项接近的比。当n是2时,我们得出的是熟悉的斐波那契数列,其中x等于ϕ。当n接近无穷大时,x接近2。

现代书籍里仍然会找到蔡辛关于脐高的理论。例如吉卡(Matila Ghyka)在《艺术与生命中的几何学》(*The Geometry of Art and Life*,1946年由Sheed and Ward出版)一书中写道:“实际上可以这样讲,测量大量男性和女性的身高与脐高,得出的平均比例会是1.618。”这句话的合理性与计算鸟嘴和鸟腿长度的“平均比例”是差不多的。要得出一个平均比例,该测量谁呢?随便在纽约挑,在上海选,还是在全世界人口中拣?糟糕的是,世界上甚至世界某个部分的人群中,各种体型的差异是很大的。

西雅图市的沃尔特斯(Kenneth Walters)和他的朋友们测量了各自妻子的脐高,得出的平均比例是1.667,比隆克的1.618略高。“请注意,”沃尔特斯写道,“我们这些ϕ值较高的妻子们是由各自亲爱的丈夫测量出来的。看起来,隆克先生研究的并不是肚脐的布局。”

答　案

二等分戴高乐十字勋章图案问题可以用代数法解决。设x为CD的长度，y为MN的长度（见图8.10）。如果斜线把十字架二等分，阴影部分三角形的面积应是$2\frac{1}{2}$个单位正方形。这样我们就可以列出方程

$$(x+1)(y+1)=5。$$

由于$\triangle ACD$和$\triangle NAM$相似，还可得到方程

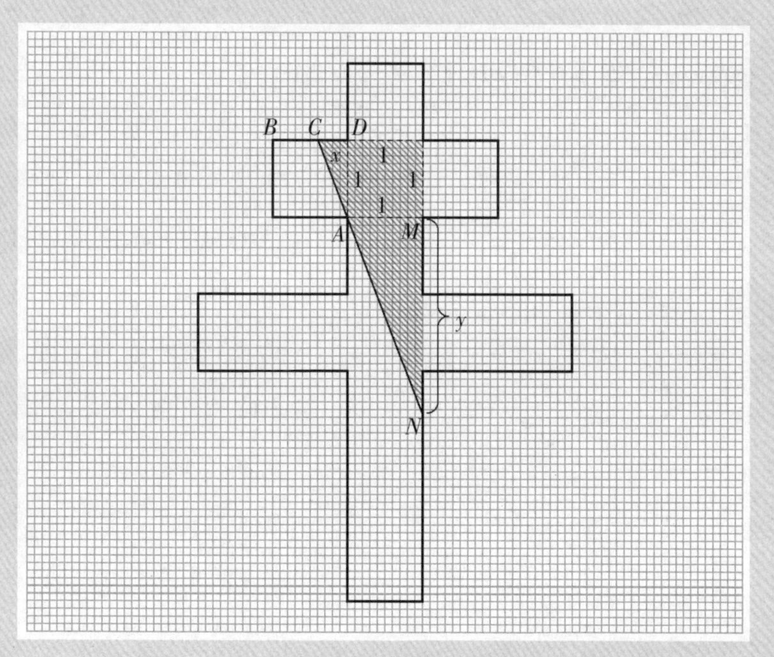

图8.10　十字架问题解答

$$\frac{x}{1}=\frac{1}{y}。$$

联立这两个方程，解得 $x=\frac{1}{2}(3-\sqrt{5})$。因而 BC 的长度就是 $\frac{1}{2}(\sqrt{5}-1)$，或0.618+，这正好是 ϕ 的倒数 $\left(\frac{1}{\phi}\right)$。换句话说，$BD$ 被 C 黄金分割。斜线的下端同样以黄金分割比把单位正方形的边切开。等分线的长度是 $\sqrt{15}$。

要用圆规和直尺找出 C 点，可以随便采用一个简单的欧几里得几何方法。其中一个如下：

照图8.11连 BE。这条线平分 AD，使 DF 成为 BD 的一半。以 F 点为圆心、DF 为半径画弧，交 BF 于 G 点。以 B 点为圆心、BG 为半径画弧，交 BD 于 C 点。BD 现在被黄金分割了。

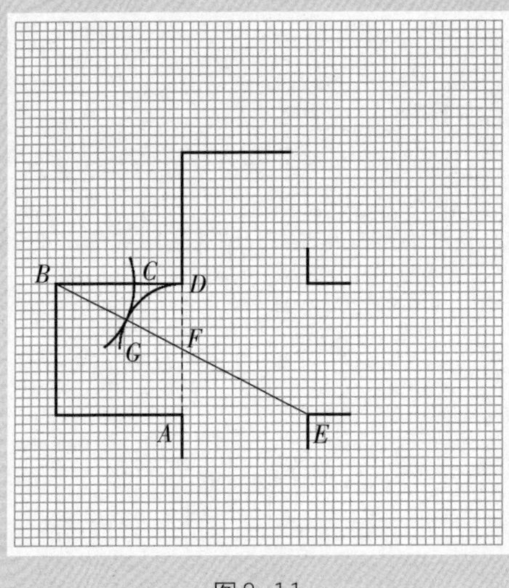

图8.11

有几位读者发现了更为简单的解法。巴尔的摩市的马克斯（Nelson Max）提供了平分线的最简单结构。在图8.10上画个半圆，一个端点在 A 处，另一个端点在 A 点正下方三个单位处。该半圆与十字架右侧在 N 点处相交。

第 9 章

猴子与椰子

1926年10月9日的《星期六晚邮报》(*The Saturday Evening Post*)刊登了一个题为“椰子”的小故事,作者是威廉姆斯(Ben Ames Williams)。故事讲的是一位建筑承包商正为如何让他的竞争对手——另一位建筑承包商签不到一份重要的合同而发愁。这位承包商手下有个精明的伙计,知道那个竞争对手是个趣味数学谜,所以献计寄了一道令人恼火的题给他。他们的对手整天苦思冥想,以求解出题目,在不知不觉中过了招标截止日期,误了投标的大事。

下面是威廉姆斯的故事里那个伙计原封不动的讲述:

“有五个人和一只猴子遇到了海难,被困在一座荒岛上。第一天他们采了一整天椰子充饥,到了晚上把采来的椰子堆起来去睡觉。

“当大家在鼾睡时,有一个人起来了。他想,等到第二天早上分椰子时,可能会发生争执,因此他决定先拿走他那一份。他把椰子分成五堆,最后剩下一个,给了猴子。把他那份藏起来后,他把剩下的四份堆在一起。

“过了一会儿,又有个人醒来了,他也这样做了一番。把椰子分成五份后,他把剩下的一个给了猴子。五个人一个接一个地起来做了同样的事情;每个人都在醒来后取走五分之一的椰子,且都正好剩下一个给了猴子。等到第二天早上大家一起分椰子时,剩下的那堆刚好分成了五份。当然各人心里都明白,椰子缺少了;但各人心里都有鬼,于是大家都不愿把事情挑明。当初总共有多少个椰子?”

威廉姆斯在他的故事里没有附答案。据说,《星期六晚邮报》编辑部在这期报纸发行后,信件如雪片般涌来,第一个星期就收到2000多封。当时的总编辑洛里默(George Horace Lorimer)给威廉姆斯拍发了这样一份具有历史意义的电报:

老天有眼,到底有多少椰子?我已实难招架。

20年间,威廉姆斯不断收到读者来信,有的询问答案,有的提出新的解法。今天,这个椰子趣题也许是丢番图难题中人们下工夫最多却最不易解出的一个。(丢番图(Diophantine)这个术语来自亚历山大时代的希腊代数学家丢番图的名字。他是最早对方程的有理数解进行广泛研究的人。)

威廉姆斯的这个椰子问题并不是他自己发明的。他只是把一个更为古老的问题加以修改,使其变得更富有迷惑性罢了。那个古老问题与此题基本相同,不同之处只是在早上最后分椰子时,还余下一个给了猴子;而在威廉姆斯的故事里,最后分椰子时是平分成五等份的。有些丢番图方程[①]只有一个解(例如$x^2+2=y^3$);有些有若干个解;另一些(例如$x^3+y^3=z^3$)则无解。威廉姆斯的椰子问题和以前那个问题均有无穷多个整数解。我们将试着找出最小的正整数解。

那个古老问题可以用下面六个不定方程来解,它们代表相继六次把椰子分成五份。N是初始数字;F是各个水手在最后一次平分时得到的数

① 丢番图方程即要求整数解的整系数代数方程,又称不定方程。——译者注

字。方程右边的1全是给猴子的椰子数。每个字母代表一个未知正整数。

$$N=5A+1,$$

$$4A=5B+1,$$

$$4B=5C+1,$$

$$4C=5D+1,$$

$$4D=5E+1,$$

$$4E=5F+1。$$

用熟悉的代数方法可不费力地把这些方程化简为下面这个含有两个未知数的丢番图方程：

$$1024N=15\ 625F+11\ 529。$$

若用摸索试算法解本方程，难度非常大。尽管有一个标准的解题程式，可以用连分数这个巧妙办法，可是做起来太烦琐。这里只讲一个古怪但又极为简单的解法，要用到**负数**个椰子的观念。有时人们把这个解法归功于剑桥大学物理学家狄拉克①，可我写信询问此事时，他回信说他是从J. H. C. 怀特黑德(J. H. C. Whitehead)那里得到这个解法的。这个怀特黑德是牛津大学数学教授(也是那个著名哲学家②的侄子)。我写信询问怀特黑德教授时，他回信说，他也是从别人那里弄到的。我没有进一步刨根问底。

无论是谁先想到用负椰子数，他可能是这样推理的。因为N被六次分为五堆，很明显5^6(或15 625)可以加在任何一个答案上得出一个次高的答案。实际上可以加上5^6的任何倍数，同样也可以减去5^6的任何倍数。减去

---

① 狄拉克(Paul Adrien Maurice Dirac，1902—1984)，英国物理学家，量子力学创始人之一。1933年诺贝尔物理学奖获得者之一。——译者注

② 指英国数学家、逻辑学家、哲学家怀特黑德(Alfred North Whitehead，1861—1947)，逻辑主义学派的领军人物。——译者注

5^6的倍数最后当然会得出无穷多个负数答案。这些答案都符合原方程，但不合原题，因为原题要求的答案必须是个正整数。

很明显，符合要求的N不会是个小的正值。但用负数来解，就可能出现一个简单的答案。只要稍加尝试，便可得出一个惊人的事实，即确实有这样的一个解：-4。让我们来看看这是怎么回事。

第一个水手走到这-4个椰子堆前，把+1个椰子扔给猴子(分成五份前给猴子还是分成五份后给无所谓)，这就剩下了-5个椰子。他把这些椰子分为五等份，每份中有-1个椰子。当他把分给自己的那一堆藏起来后，就剩-4个椰子，这正是原来的数字！其他水手也同样偷偷摸摸地干，最后的结果是每个水手得到-2个椰子。在这个颠倒的过程中收益最大的是那只猴子，它高高兴兴地拿着+6个椰子跑了。要找出最小正整数的答案，只需要把15 625加上-4得出15 621，这就是要找的答案。

这个解法立即给我们提供了n个水手的通用解法。当有n个水手，每次把椰子平分成n份，每人拿走n分之一时，可以用这个方法来解。如果有4个水手，我们就用-3个椰子再加上4^5；如果有6个水手，就用-5个椰子再加上6^7。以此类推可算出n为其他值时的答案。讲得更正式一点，原来的椰子数等于$k(n^{n+1})-m(n-1)$，式中n是人数，m是每次分椰子时给猴子的个数，k是任意整数，称为参数。当n是5，m是1时，我们就用1作为参数得出最小的正数答案。

不巧的是，这个有趣的算法并不符合威廉姆斯修改过的题。他的题里讲道，最后一次分椰子时，猴子并没有得到椰子。我把此题留给感兴趣的读者，让他们去算威廉姆斯那道题的答案。当然可以用标准的丢番图方法来算，但是如果利用刚才讲过的那道题中的信息，就会找到一条极妙的捷径。对那些认为本题太难的人，我这里有一道非常简单的椰子题，不涉及任何丢番图方法中会碰到的困难。

三个水手来到一堆椰子前。第一个水手拿走了总数的一半另加半个椰子。第二个水手拿走了剩余数的一半另加半个椰子。第三个水手又拿走了剩余数的一半另加半个椰子。最后刚好剩余一个椰子,他们就把它给了猴子。原来那堆椰子共有多少个?只要准备20根火柴,就足以用摸索试算法解决它。

补　遗

如果用负椰子数来解前面威廉姆斯的那道题显得不大合理的话,你完全可以运用把四个椰子染成蓝色的类似技巧。密歇根大学数学系的退休教授安宁(Norman Anning),早在1912年发表对三个人和一堆苹果这个问题的解答时(见《校园科学与数学》(*School Science and Mathematics*)杂志1912年6月号第520页)就用到了这个技巧。把安宁的方法用到椰子这道问题中可以这样表述:

我们从5^6个椰子开始。这是能连续六次五等分,每分一次去掉五分之一而不给猴子的最小数目。在5^6个椰子中,把四个染成蓝色放在旁边,而把剩下的椰子分为五等份时,当然就会余下一个留给猴子。

当第一个水手拿走他那一份,而猴子得到它那一个时,我们把那四个蓝色椰子放回来,那么这一堆里就有5^5个椰子。[①]很明显,这个数可以被5整除。然而在接着分之前,我们又把那四个蓝色椰子放在旁边,使平分后又余下一个给猴子。

四个蓝色椰子只是被借用来凑数,使那一大堆能分为5等份,然后再取出来放在旁边,这个过程在每次分配时都得重复。当第六次,也就是最后一次分

① 原文如此,似有误,应为$4\cdot5^5$个椰子。——译者注

配完成后，那四个蓝色椰子仍被放在旁边，不属于任何人。在整个过程中它们没有任何实质作用，只是帮助我们把事情看得更清楚些。

对掌握用连分数解一次丢番图方程的标准方法感兴趣的读者可参阅梅里尔（Helen Merrill）1957年作为多佛尔平装本再次发行的《数学之旅》（*Mathematical Excursions*），书中有关于此方法的清晰表达。对出趣题的人来说，它是一个便利的工具，因为有如此多的流行智力难题是建立在这种类型的方程上的。

解这个椰子问题的方法多得数不胜数。新泽西州普林斯顿高等研究院的丹斯金（John M. Danskin）及其他几位读者寄来了用5进位数制解此题的灵巧算法。大批读者来信讲解了其他一些不寻常的解法，由于太复杂，这里就不一一介绍了。

答　案

威廉姆斯的问题中，共有3121个椰子。从那个古老问题的分析中可以知道5^5-4，或者3121，是可以整分五次并每次给猴子一个椰子的最小数目。当这样连分五次后，还剩1020个椰子。这个数正好可以被5整除，使第六次分椰子时，没有剩余的椰子给猴子。

这个问题中，一个更为通用的解答是用两个丢番图方程的形式表示的。当人数n为奇数时，方程是

$$椰子数=(1+nk)n^n-(n-1);$$

当n为偶数时，方程是

$$椰子数=(n-1+nk)n^n-(n-1)。$$

这两个方程里，参数k可以是任何整数。威廉姆斯问题里的人

数是5,是个奇数,因此把5代入第一个方程中的n,把k取作0,就可以得出最小的正数答案。

洛杉矶市的皮肤病学家威尔逊博士(Dr. J. Walter Wilson)来信讲述了有关本答案的一个有趣的巧合事件:

先生们:

我于1926年拜读了威廉姆斯那篇有关椰子问题的故事,苦思冥想了一个通宵也不得其解。后来从一位数学教授那里了解到用丢番图方程得出最小数目3121的方法。

1939年我突然想到,我和我全家住了几个月的地方——加利福尼亚州英格尔伍德市西80号大街的寓所——门牌号正是3121。于是,一天晚上我们把那些最见多识广、博学多闻的朋友们请来搞一次游戏和趣题巡游。每个项目都安排在不同房间,由四人一组轮流进去。

椰子趣题被安排在前门廊处,把桌子放置在明亮的门牌号的正下方。闪亮的门牌号码泄露着天机,但竟没有一个人能识破它!

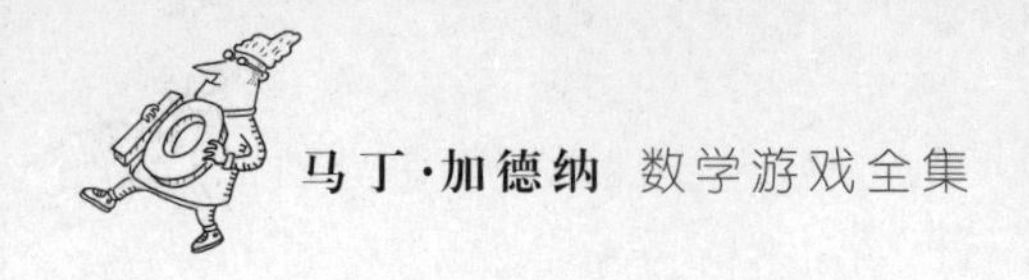

本章结束时那三个水手的简单问题的答案是15个椰子。如果你把火柴棒折断来代替一分二半的椰子，你会认为这个题根本无法解。实际上要完成所要求的操作，根本无需把椰子切开。

第 10 章

迷　宫

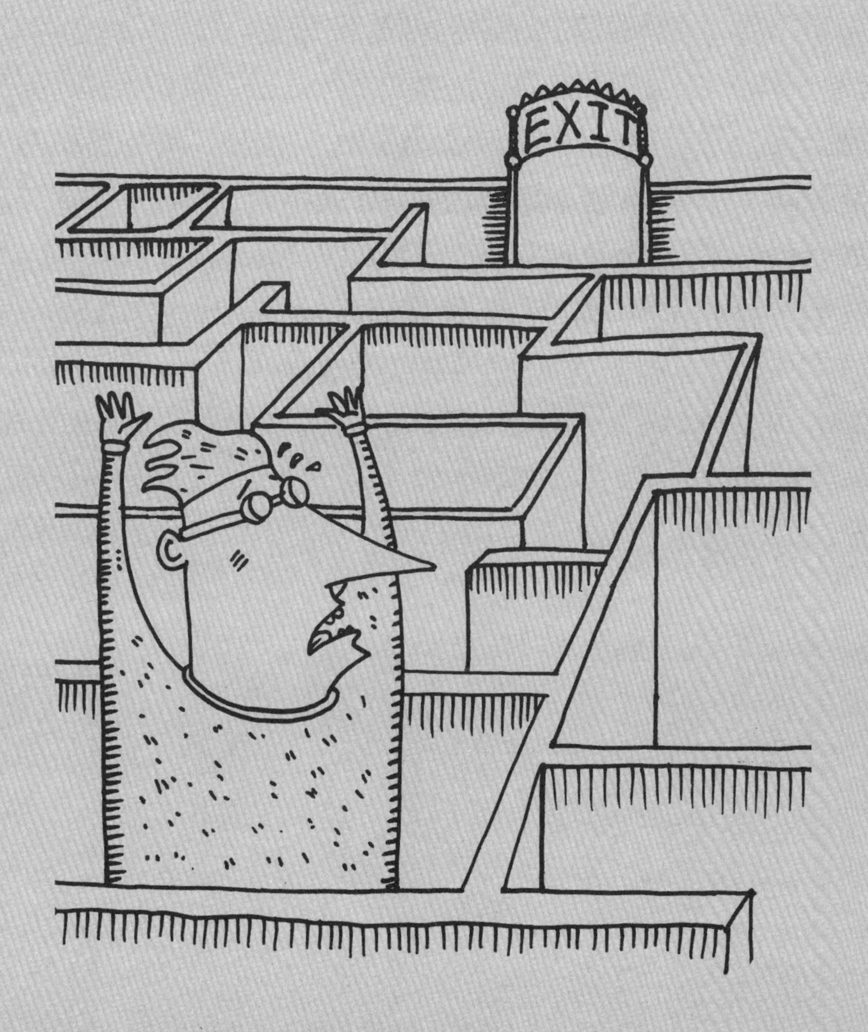

当年轻的忒修斯(Theseus)走入克诺索斯的克里特岛迷宫寻找可怕的弥诺陶洛斯(Minotaur)时,一路上拆开阿里阿德涅(Ariadne)给他的丝线团作为路标,以便能顺利走出迷宫。[①]古代有不少这类建筑迷宫,是用来迷惑那些不谙此道的人的,里面设计着错综复杂的通道。希罗多德[②]就曾描述过一个有3000个内室的埃及迷宫。克诺索斯通行的硬币上有一种简单的迷宫图案,而罗马的人行道及古罗马皇帝的王袍上则出现了较为复杂的迷宫图案。在整个中世纪,欧洲大陆很多教堂的墙壁和地板上也装饰着类似的图案。

英国最有名的建筑迷宫要数罗莎蒙德(Rosamond)的蔽所。据记载,它由国王亨利二世[③]于12世纪建在伍德斯托克的一个公园内,用来隐藏他的

---

① 这是希腊神话里的一个故事。英雄忒修斯(又译提修斯)靠着国王弥诺斯的女儿阿里阿德涅给他的丝线团和利剑走入迷宫杀死了专吃童男童女的牛头人身怪物——弥诺陶洛斯。克诺索斯是克里特岛的首府。——译者注

② 希罗多德(Herodotus,前484—前430/420),古希腊历史学家,被称为“历史之父”。——译者注

③ 亨利二世(Henry Ⅱ,1133—1189),金雀花王朝的创始人,英格兰国王(1154—1189在位)。——译者注

情妇——美丽的罗莎蒙德,不让他妻子阿基坦的埃莉诺[1]找到。但埃莉诺却沿用了传闻中的阿里阿德涅丝线团手段找到了国王的藏娇之屋,逼着可怜的罗莎蒙德饮毒身亡。这个故事吸引了很多作家的想象——值得一提的是艾迪生[2]为此写了一部歌剧,而斯温伯恩[3]的戏剧诗《罗莎蒙德》也许是关于这个故事的最感人的文学作品。

奇怪的是,欧洲大陆上用迷宫图案嵌镶装饰教堂内壁的做法没有被英国采纳。在英国常见的是,在教堂外的草地上切割出迷宫,横穿之,作为宗教仪式的一部分。这些被莎士比亚称为"繁茂绿地上的古怪迷宫"的建筑在英国一直盛行到18世纪。在文艺复兴后期,用高树篱筑起的仅供娱乐的花园迷宫很时兴。英国最著名的、至今仍在让迷茫的游客在其间蜿蜒前行的树篱迷宫是1690年为奥伦治的威廉[4]建造的汉普顿皇宫设计的。该迷宫的现今图案复制在图10.1里。

美国唯一具有历史意义的树篱迷宫是19世纪的哈莫尼人建造的,他们是定居于印第安纳州哈莫尼的一个德国新教教派。(该地现名新哈莫尼,是苏格兰空想社会主义者欧文[5]1826年在此创建乌托邦式移民区时起的名字,也叫"和谐新村"。)像中世纪的教堂迷宫一样,这个哈莫尼迷宫象征着

---

① 阿基坦的埃莉诺(Eleanor of Aquitaine,1122—1204),阿基坦公爵威廉十世之女,1136年嫁给路易七世,1152年离婚后嫁给亨利伯爵,亨利1154年成为英格兰国王亨利二世。阿基坦原是法国西南部领地,该地区在埃莉诺嫁给亨利后归属英国。——译者注

② 艾迪生(Joseph Addison,1672—1719),英国散文家、诗人、剧作家。英国期刊文学的创始人之一。——译者注

③ 斯温伯恩(Algernon Charles Swinburne,1837—1909),英国诗人、批评家。——译者注

④ 奥伦治的威廉(William of Orange,1650—1702),即威廉三世,奥伦治的威廉二世之子。英格兰、苏格兰和爱尔兰国王(1689—1702)。奥伦治是中世纪法国东南部一小公国。——译者注

⑤ 欧文(Robert Owen,1771—1858),三大空想社会主义者之一。——译者注

图10.1　汉普顿宫的树篱迷宫图案

罪恶的曲曲折折和步履正道之难。它在1941年被修复。不巧的是,没有任何原图的记载幸存下来,因而修复后的迷宫纯粹是个新模样。

从数学上看,迷宫属于拓扑学问题。如果把迷宫图案画在一张橡胶板上,不论怎样把橡胶板折曲变形,从迷宫入口到目的地之间的正确路线在拓扑学上是永远不变的。你可以把图上的死胡同一个个盖起来,只留出直通路线,这样就可以在一张纸上很快地解开迷宫。可是如果你要像当年的埃莉诺王后一样,在没有地图的情况下去走通一个迷宫,那就是另一回事了。如果迷宫只有一个入口,目标是找到唯一的那个出口,那么只要在走迷宫时把手一直按在右面(或左面)的墙壁上一般就能走通。也许你走的路线不是最短的,但一定能走到出口。这个方法也可用来解更为古老些的那种目的地在内部的迷宫,前提是没有一条避开目的地并返回起点的路线。如果目的地周围有一条或几条这样的闭合路线,用手摸墙这种办法只能使你绕着最大的圈子走,并最后走出迷宫,但永远无法让你走进圈内的"岛"上。

像图10.2左图里的这类没有闭合路线的迷宫,拓扑学家称之为"单连通"迷宫。也就是说,该迷宫没有分离的墙。有分离墙的迷宫里肯定包含闭合路线,这被称为"多连通"迷宫(图10.2右图就是一例)。在单连通迷宫

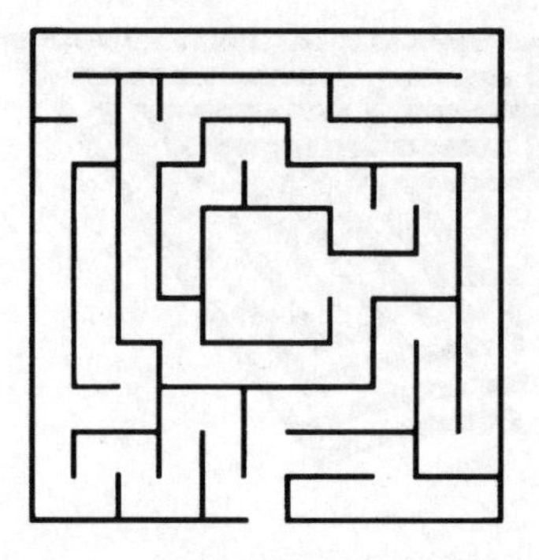
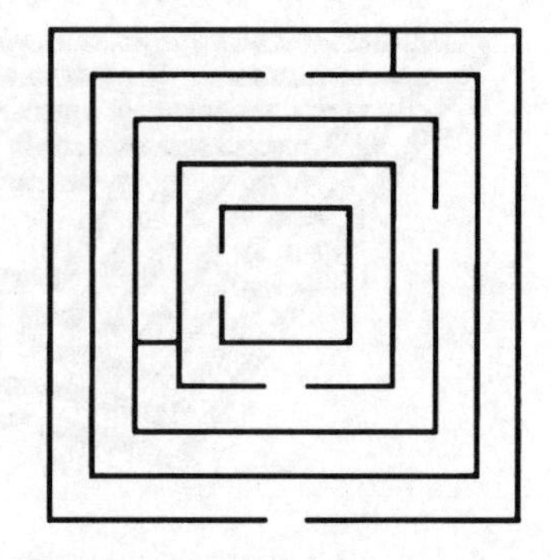

图10.2 左:“单连通”迷宫;右:“多连通”迷宫

中用手摸墙走,会每次以不同的方向把你引入每一条路线。这就可以肯定,只要一直往前走,就能进入目的地。汉普顿宫的迷宫虽是多连通的,但两个闭合圈并没有把目的地围住。因而,用手摸墙的办法仍然会把你引向目的地,然后再引你回来,但有一整条通道你没有走到。

有没有一个机械程序(用数学术语来讲就是“算法”)可以用来解所有的包括被多连通的闭合路线围绕住目标的迷宫?有的。其最佳构想是卢卡(Edouard Lucas)在《趣味数学》(*Récréations mathématiques* 第一卷,1882年)中提出来的,他把该方法归功于特雷莫(M. Trémaux)。当你走进迷宫时,在路线的一侧,比方说右侧,边走边画线。走到一个新的通道交汇处时,任选一条通道走进去。如果沿一条新通道走时,你回到了前面已到过的交汇处或走入了一条死胡同,就转身从原路返回。如果踏进已走过一次的通道(你原来画的线现在在你的左侧),走到前面已到过的交汇处时,发现还有未走过的通道,那就再任选一条走进去;如果发现交汇处的所有通道都是已经走过的,则任选一条走进去,但千万不要走入两侧都已画上线的通道。

图10.2右图是由两个闭合路线绕着中心那个密室的多连通迷宫。如果读者采用特雷莫的算法,边走边用红铅笔作记号,他就会发现肯定能走

入中心那个密室,并在把迷宫的每个部分都走过两遍(两次的方向相反)后,又回到入口处。更为奇妙的是,如果到达目的地以后不再作记号,那你就已经自动记下了从入口到目的地的直达路线。这时只需沿着仅有一条记号线的通道走即可。

想用更难点的迷宫来检验这个办法的话,读者不妨试试图10.3中的多连通迷宫图案。这是英国数学家鲍尔(W. W. Rouse Ball)在自己的花园里设计出来的。目的地是迷宫中的那个黑点。

今天的成年人已经对这类趣题不怎么感兴趣了,但有两个科学领域对迷宫的兴趣一直不减:心理学和计算机设计。当然,心理学家用迷宫来研究人和动物的学习行为已经有几十年了。甚至低级动物蚯蚓也可以学会

图10.3　鲍尔的花园迷宫

走只有一个叉道的迷宫,而蚂蚁可以学会走有多达10个叉道的迷宫。对计算机设计专家来说,若想要制造像动物一样能从经验中吸取教训的机器,那么走迷宫机器人就是这种令人振奋的程序中的一个不可缺少的部分。

早期这类生动别致的设计之一是目前在麻省理工学院的香农(Claude E. Shannon)发明的著名的走迷宫机器鼠,名叫忒修斯。(它是香农早些时候名为"手指"的走迷宫机器的改进版。)机器鼠用特雷莫算法的一个变化形式按规则走过一个不熟悉的迷宫,该迷宫可能是多连通的。当它走到一个交汇处,需要确定走哪一条通路时,不是像人那样瞎撞,而是选择其中离某一侧最近的路线。"要检修含有随机元件的机器是相当困难的,"香农解释道。"如果不知道机器应该干什么,那么机器出问题时是难以判断的。"

机器鼠一旦找到目标,记忆线路就能让它准确无误地再走一次迷宫。用特雷莫系统的术语来讲,就是机器鼠避开所有已走过两遍的通道,只踏入曾走过一遍的通道。这并不能保证它走的是最近路线,只是保证它不走进任何死胡同而到达目标。一只真老鼠想要学会走迷宫要慢得多,因为它的探索技术主要(虽然不完全)是靠瞎撞,需要成功地走过多次才能记住一条正确路线。

更近些时候,有人又制造出了其他一些走迷宫机器人。最为复杂的一种是牛津大学的多伊奇(Jaroslav A. Deutsch)设计的。这种走迷宫机器人可以把一个迷宫里积累的经验用到另一个拓扑等价的迷宫上去,即使迷宫的长度和形状被做过改动。多伊奇的走迷宫机器人会利用迷宫中添加出来的捷径,还会做出另外一些令人吃惊的事情。

这些设计肯定只是粗糙的雏形。未来的能主动学习的机器可能会更有威力,在太空时代的自动化机器上发挥毋庸置疑的作用。迷宫和太空飞行这两者的结合,将把我们带回到本章开头的那个希腊神话。为弥诺斯国王设计弥诺陶洛斯迷宫的不是别人,正是代达罗斯[①]。代达罗斯设计过一双机械翅膀,他的儿子缚上它飞行时因为飞得离太阳太近而丧生。"设计得如此灵巧周密的迷宫,在这个世界上是空前的",霍桑[②]在他的《坦格林儿童故事集》(*Tanglewood Tales*)中提到这个故事时是这样描述的。"没有什么别的东西能如此错综复杂,除非它是设计迷宫的代达罗斯那种人的脑子,或任何普通人的心脏。"

---

① 代达罗斯(Daedalus),希腊神话中的建筑师和雕刻家,建造了克里特岛的迷宫。——译者注

② 霍桑(Nathaniel Hawthorne,1804—1864),美国小说家。被认为是美国文学史上浪漫主义小说和心理小说的开创者。其代表作为长篇小说《红字》。——译者注

进阶读物

五种柏拉图多面体

"Geometry of Paper Folding II: Tetrahedral Models." C. W. Trigg in *School Science and Mathematics*, pages 683–689, December 1954.

"Folding an Envelope into Tetrahedra." C. W. Trigg in *The American Mathema - tical Monthly*, Vol. 56, No. 6, pages 410–412, June-July 1949.

Mathematical Models. H. Martyn Cundy and A. P. Rollett. Clarendon Press, 1952.

"The Perfect Solids." Arthur Koestler in Chapter 2 of *The Watershed*, a biography of Johannes Kepler, Doubleday Anchor Books, 1960. An excellent discussion of Kepler's attempt to explain the planetary orbits by means of the Platonic solids.

变脸四边形折纸

"A Deformation Puzzle." John Leech in *The Mathematical Gazette*, Vol. 39, No. 330, page 307, December 1955. The first printed description of the flexatube puzzle. No solution is given.

"Flexa Tube Puzzle." Martin Gardner in *Ibidem* (A Canadian magic magazine), No. 7, page 13, September 1956, with sample flexatube attached to page. A solution by T. S. Ransom appears in No. 9, page 12, March 1957. Ransom's solution is the one given in this book.

"A Trick Book." "Willane" in *Willane's Wizardry*, pages 42–43. Privately printed in London, 1947. Shows how to construct the tetra-tetraflexagon depicted in Figure 2 of this book.

Mathematical Snapshots. Hugo Steinhaus. Oxford University Press, revised edition, 1960. A series of photographs showing a solution of the flexatube puzzle that differs from Ransom's solution (see second entry above) begins on page 190.

亨利·杜德尼:伟大的英国趣味数学家

杜德尼的书:

The Canterburg Puzzies, 1907. Reprinted by Dover Publications, Inc., in 1958.

Amusements in Mathematics, 1917. Reprinted by Dover Publications, Inc., in 1958.

Puzzles and Curious Problems, 1931.

Modern Puzzles, 1926.

A Puzzle-Mine, edited by James Travers, undated.

World's Best Word Puzzles, edited by James Travers, 1925.

杜德尼的文章:

杜德尼的趣题和文章散布于多份英国报纸和期刊中:*The Strand Magazine*

(in which his puzzle column "Perplexities" ran for twenty years), *Cassell's Magazine, The Queen, The Weekly Dispatch, Tit-Bits, Educational Times, Blighty* and others.

下面两篇文章特别有趣：

"The Psychology of Puzzle Crazes," in *The Nineteenth Century,* Vol. 100, No. 6, pages 868–879, December 1926.

"Magic Squares," in *The Encyclopaedia Britannica,* 14th ed.

关于杜德尼的参考资料：

Preface by Alice Dudeney to her husband's *Puzzles and Curious Problems,* listed above.

"The Puzzle King: An Interview with Henry E. Dudeney." Fenn Sherie in *The Strand Magazine,* Vol. 71, pages 398–404, April 1926.

A biographical sketch of Alice Dudeney, who was more famous in her day than Henry, will be found in the British *Who Was Who.*

数 码 根

"Doctor Daley's Thirty One." Jacob Daley in *The Conjuror's Magazine,* March and April, 1945.

"The Game of Thirty One." George G. Kaplan in *The Fine Art of Magic,* pages 275–279. Fleming Book Company, York, Pennsylvania, 1948.

Remembering the Future. Stewart James. Sterling Magic Company, Royal Oak, Michigan, 1947.

"Magic with Pure Numbers." Martin Gardner in *Mathematics Magic and Mystery.* Dover Publications, Inc., 1956.

趣味拓扑

On the Tracing of Geometrical Figures. J. C. Wilson. Oxford University Press, 1905.

Puzzles Old and New. Professor Hoffmann (pseudonym of Angelo Lewis). Frederick Warne and Company, 1893.

"Judah Pencil, Straw and Shoestring." Stewart Judah. An undated four-page typescript, issued by U. F. Grant, a magic dealer in Columbus, Ohio.

ϕ:黄金分割比

The Golden Number. Miloutine Borissavliévitch. Philosophical Library, 1958.

"The Golden Section, Phyllotaxis and Wythoff's Game." H. S. M. Coxeter in *Scripta Mathematica*, Vol. 19, No. 2-3, pages 135-143, June-September 1953.

On Growth and Form. D'Arcy Wentworth Thompson. Cambridge University Press, 1917.

The Theory of Proportion in Architecture. P. H. Scholfield. Cambridge University Press, 1958.

"The Golden Section and Phyllotaxis." H. S. M. Coxeter in *Introduction to Geometry*, Chapter 11. John Wiley and Sons, Inc., 1961.

猴子与椰子

"Monkeys and Coconuts." Norman Anning in *The Mathematics Teacher*, Vol. 54, No. 8, pages 560-562, December 1951.

"Solution to Problem 3242." Robert E. Moritz in *The American Mathematical*

Monthly, Vol. 35, pages 47–48, January 1928.

"The Generalized Coconut Problem." Roger B. Kirchner in *The American Mathematical Monthly*, Vol. 67, No. 6, pages 516–519, June-July 1960.

"The Problem of the Dishonest Men, the Monkeys, and the Coconuts." Joseph Bowden in *Special Topics in Theoretical Arithmetic*, pages 203–212. Privately printed for the author by Lancaster Press, Inc., Lancaster, Pa., 1936.

迷 宫

历史与理论：

Mazes and Labyrinths. W. H. Matthews. Longmans, Green and Go., 1922.

"An Excursion into Labyrinths." Oystein Ore in *The Mathematics Teacher*, pages 367–370, May 1959.

The Labyrinth of New Harmony. Ross F. Lockridge. New Harmony Memorial Commission, 1941.

"Mazes and How to Thread Them." H. E. Dudeney in *Amusements in Mathematics*. Dover Publications, Inc., 1959.

"The Labyrinth of London." *The Strand Magazine*, Vol. 35, No. 208, page 446, April 1908. A reproduction of an old London map maze on which one attempts to enter by way of Waterloo Road and find his way to Saint Paul's Cathedral without crossing any road barriers.

走迷宫机器：

"The Maze Solving Computer." Richard A. Wallace in *The Proceedings of the Association for Computing Machinery*, Pittsburgh, pages 119–125, May 1952.

"Presentation of A Maze-Solving Machine." Claude E. Shannon in *Cybernetics:*

Transactions of the Eighth Conference, March 15–16, 1951, pages 173–180. Edited by Heinz von Foerster. Josiah Macy, Jr. Foundation, 1952.

"A Machine with Insight." J. A. Deutsch in *The Quarterly Journal of Experimental Psychology*, Vol. 6, Part I, pages 6–11, February 1954.

迷宫趣题：

For Amazement Only. Walter Shepherd. Penguin Books, no date; reissued by Dover Publications, Inc., and retitled *Mazes and Labyrinths*, in 1961. Fifty unusual mazes of all types. The author comments in detail on various psychological devices (including sexual symbols!) by which the astute maze maker can trick a solver into taking wrong paths. No discussion of mathematical theory, but a unique collection of difficult maze puzzles.

附　记

亨利·杜德尼去世后出版的两本著作《趣题与妙题》和《现代趣题》现在已合印在1967年我为Scribner出版公司编辑的《536道趣题与妙题》(*536 Puzzles and Curious Problems*)一书中。第二年我又为这家公司编辑了绝版已久的杜德尼的词汇趣题书。

专门研究海恩的著名索玛立方块及其他多立方块趣题的另一个专栏的文章重印于我的《缠结的炸面饼圈及其他数学娱乐》(*Knotted Doughnuts and Other Mathematical Entertainments*, Freeman, 1986)一书中。关于幻方和幻立方的最新研究成果出现在多佛的两本初版平装本上,书名分别为《幻方的新消遣》(*New Recreations with Magic Squares*, 1976)和《幻立方》(*Magic Cubes*, 1981),两书均为本森(William H. Benson)和雅各比(Oswald Jacoby)合著。

依洛西斯这种纸牌归纳游戏得到了改进。新的依洛西斯游戏成了我的《科学美国人》专栏1977年10月的主题。自从我在那里用一个章节介绍了日本折纸术后,公众对它的热情持续高涨,成百种有关这门艺术的书籍在世界各地出版。

在化方为方问题上的最重大发现是确定了简单完美方化

正方形的最低阶数，它是21。你可以在1978年的《组合理论杂志》(*The Journal of Combinatorial Theory*)第35B卷第260—263页及1978年6月的《科学美国人》杂志第86—87页上找到有关细节。

对找出边长比为2:1的简单完美矩形问题的第一个解答刊登于1970年的《组合理论杂志》第8卷第232—243页，作者是布鲁克斯(R. L. Brooks)。这个矩形包含了1323个正方形。在同期的第244—246页上还发表了费德里科(P. J. Federico)给出的23阶、24阶和25阶完美正方形的例子。费德里科关于"方化矩形与方化正方形"问题的杰出研究过程可参见由邦迪(J. A. Bondy)和默蒂(V. K. Murty)主编的《图论及有关论题》(*Graph Theory and Related Topics*, Academic Press, 1979)。该书的参考书目列了73条。

加州贝弗利山的斯洛克姆(Jerry Slocum)近年来成了美国最大的器具型趣题收藏者，他也是这方面的专家。他的藏品多得需要专门建一幢房子来存放。斯洛克姆与博特曼斯(Jack Botermans)合著的《新老趣题》(*Puzzles Old and New*)于1986年出版，这是一本不错的介绍器具型趣题的书，可在西雅图的华盛顿大学出版社买到。

关于七巧板的更多内容可参见我的1974年8月和9月的《科学美国人》杂志专栏，在随后几期的专栏里还有有关的更正和注释。我还将在即将完成的作品集《时间之旅及其他数学困惑》(*Time Travel and Other Mathematical Bewilderments*, Freeman, 1987)中对此作进一步的扩展。

最后要说的是，1980年一个苏联克格勃特工造成了矩阵博士的悲惨死亡，事实大白于天下后，我所有那些关于他的后继专栏也随之终止了。这些专栏文章都收录在《矩阵博士的魔法数》(*The Magic Numbers of Dr. Matrix*, Prometheus Books, 1985)一书中。

The Second **Scientific American** Book of
Mathematical Puzzles and Diversions
By
Martin Gardner

责任编辑　卢　源
封面设计　戚亮轩

马丁·加德纳数学游戏全集
迷宫与黄金分割
【美】马丁·加德纳　著
封宗信　译

上海科技教育出版社有限公司出版发行
(上海市闵行区号景路159弄A座8楼　邮政编码201101)
www.sste.com　www.ewen.co
各地新华书店经销　常熟市华顺印刷有限公司印刷
ISBN 978-7-5428-7242-5/O·1109
图字09-2007-724号

开本720×1000　1/16　印张9
2020年7月第1版　2024年7月第5次印刷
定价:31.00元